武志红导读版

可以让你变得更好的心理学书

我们内心的冲突

[美]卡伦·霍妮 (Karen Horney) 著

武志红 译

中华工商联合出版社

图书在版编目（CIP）数据

我们内心的冲突：武志红导读版 / (美) 卡伦·霍妮著；武志红译.
-- 北京：中华工商联合出版社，2018.5（2025.8重印）（可以让你变得更好的心理学书）
ISBN 978-7-5158-2265-5

Ⅰ.①我… Ⅱ.①卡… ②武… Ⅲ.①精神分析—研究 Ⅳ.①B84-065

中国版本图书馆CIP数据核字(2018)第060471号

我们内心的冲突：武志红导读版
Our Inner Conflicts

作　者：	[美]卡伦·霍妮
译　者：	武志红
责任编辑：	于建廷　效慧辉
封面设计：	平　平
内文设计：	季　群
责任印制：	迈致红
出版发行：	中华工商联合出版社有限责任公司
印　刷：	北京中科印刷有限公司
版　次：	2018年6月第1版
印　次：	2025年8月第5次印刷
开　本：	640mm×960mm　1/16
字　数：	200千字
印　张：	18
书　号：	ISBN 978-7-5158-2265-5
定　价：	39.80元

服务热线： 010—58301130
销售热线： 010—58302813
地址邮编： 北京市西城区西环广场A座
　　　　　　19—20层，100044
http： //www.chgslcbs.cn
E-mail： cicap1202@sina.com (营销中心)
E-mail： gslzbs@sina.com （总编室）

工商联版图书
版权所有 盗版必究

凡本社图书出现印装质量问题，
请与印务部联系。
联系电话：010—58302915

一本好书，一个灯塔

| 武志红 |

今年，我44岁，出版了十几本书，写的文章字数近400万字。并且，作为一名心理学专业人士，我也形成了对人性的一个系统认识。

我还可以夸口的是，我跳入过潜意识的深渊，又安然返回。

在跳入的过程中，我体验到"你注视着深渊，深渊也注视着你"的这句话中的危险之意。

同时，这个过程中，我也体验到，当彻底松手，坦然坠入深渊后，那是一个何等美妙的过程。

当然，最美妙的，是深渊最深处藏着的存在之美。

虽然拥有了这样一些精神财富，但我也知道苏格拉底说的"无知"之意，我并不敢说我掌握了真理。

我还是美国催眠大师米尔顿·艾瑞克森的徒孙，我的催眠老师，是艾瑞克森最得意的弟子斯蒂芬·吉利根，我知道，艾瑞克森做催眠治疗时从来都抱有一个基本态度——"我不知道"。

只有由衷地带着这个前提，催眠师才能将被催眠者带入到潜意识深处。

所以我也会告诫自己说，不管你形成了什么样的关于人性的认识体系，都不要固着在那里。

不过，同时我也不谦虚地说，我觉得我的确形成了一些很有层次的认识，关于人性，关于人是怎么一回事。

然后，再回头看自己过去的人生时，我知道，我在太长的时间里，都是在迷路中，甚至都不叫迷路，而应该说是懵懂，即，根本不知道人性是怎么回事，自己是怎么回事，简直像瞎子一样，在悬崖边走路。

我特别喜欢的一张图片是，一位健硕的裸男，手里拿着一盏灯在前行，可一个天使用双手蒙上了他的眼睛。

对此，我的理解是，很多时候，当我们觉得"真理之灯"在手，自信满满地前行时，很可能，我们的眼睛是瞎的，你走的路，也是错的。

在北京大学读本科时，曾对一个哥们儿说，如果中国人都是我们这种素质，那这个国家会大有希望。现在想起这句话觉得汗颜，因为如果大家都是我的那种心智水平，肯定是整个社会一团糟。

这种自恋，就是那个蒙上裸男眼睛的天使吧。

© 2006 Steven Kenny

　　所幸的是，这个世界上有各种各样的好书，它们打开了我的智慧之眼。

　　一直以来，对我影响最重要的一本书，是马丁·布伯的《我与你》。

　　我现在还记得，我是在北大图书馆借书时，翻那些有借书卡的木柜子，很偶然地看到了这个书名《我与你》，莫名地被触动，于是借阅了这本书。

　　这对我应该是个里程碑的事件，所以记忆深刻，打开这个柜子抽屉的情形和感觉，现在还非常清晰，好像就发生在昨天。

这一本书对我触动极大，胜过我在北大心理学系读的许多课程，我当时很喜欢做读书笔记，而且当时没有电脑，都是写在纸质的笔记本上。我写了满满的一本子读书笔记，可一次拿这个本子占座，弄丢了，当时心疼得不得了。

不过，本子虽然丢了，但智慧和灵性的种子却种在了我心里，后来，每当我感觉自己身处心灵的迷宫时，我都会想起这本书的内容，它就像灯塔一样，指引着我，让我不容易迷路。

那些真正的好书，就该有这一功能。

在《广州日报》写心理专栏时，我开辟了一个栏目"每周一书"，尽可能做到每周推荐一本心理学书，专栏后来有了一定的影响力，常有读者说，看到你推荐一本书，得赶紧在网上下单，要是几天后再下单，就买不到了。

特别是《我与你》这本书，本来是很艰涩的哲学书，也因为我一再推荐，而一再买断货，相当长时间里，一书难求。

现在，我和正清远流文化公司的涂道坤先生一起来策划一套书，希望这套书，都能有灯塔的这种感觉。

我和涂先生结缘于多年前，那时候涂先生刚引进了斯科特·派克的《少有人走的路》。很多读者在读完后，都说这是一本让人振聋发聩的好书，然而在当时，知道它的人很少。我在专栏上极力推荐这本书，随即销量渐渐好了起来，成为了至今为人称道的畅销书。然而，那时我和涂先生并不认识，直到去年我们才见面相识，发现很多理念十分契合，说起这件往事，也更觉得有缘，于是便有了一起策划丛书的念头。

我们策划的这套丛书，以心理学的书籍为主，都是严肃读物，但它们都有一个共同点：作为普通读者，只要你用心去读，基本都能读懂。

并且，读懂这些书，会有一个效果：你的心性会变得越来越好。

同时，这些书还有一个共同点：它们都不会说，要束缚你自己，不要放纵你的欲望，不要自私，而要成为一个利他、对社会有用的人……

假如一本书总是在强调这些，那它很可能会将你引入更深的迷宫。

我们选的这些书，都对你这个人具有无上的尊重。

因为，你是最宝贵的。

我特别喜欢现代舞创始人玛莎·格雷厄姆的一段话：

有股活力、生命力、能量由你而实现，从古至今只有一个你，这份表达独一无二。如果你卡住了，它便失去了，再也无法以其他方式存在。世界会失掉它。它有多好或与他人比起来如何，与你无关。保持通道开放才是你的事。

　　每个人都在保护自己的主体感，并试着在用各种各样的方式，活出自己的主体感。只有当确保这个基础时，一个人才愿意敞开自己，否则，一个人就会关闭自己。

　　人性的迷宫，人生的迷途，都和以上这一条规律有关，而一本好书，一本好的心理学书籍，会在各种程度上持有以上这条规律，视其为基本原则。

　　可以说，我们选择的这些书，都不会让你失去自己。

　　一本这样的好书，都建立在一个前提之上——这本书的作者，他在相当程度上活出了自己，当做到这一点后，他的写作，就算再严肃，都不会是教科书一般的枯燥无味。

　　这样的作者，他的文字中，会有感觉之水流，会有电闪雷鸣，会有清风和青草的香味……

　　总之，这是他们真正用心写出的文字。

　　每一个活出了自己的人，都是尚走在迷宫中的我们的榜样，而书是一种可以穿越时间和空间的东西，我们可以借由一本好书，和一位作者对话，而那些你喜欢的作者，他们的文字会进入你心中，照亮你自己，甚至成为你的灯塔。

　　愿我们的这套丛书，能起到这样的作用：

　　帮助你更好地成为自己，而不是教你成为更好的自己，因为你的真我，本质上就是最好的。

每次读这本书，都是一次心理突围

| 武志红 |

介绍书之前，先讲一个故事——

很久以前，在南亚次大陆，一场大战蓄势待发。一位武士正威风凛凛站在战车上，他身经百战，所向披靡，被人们称为战神。

此时此刻，他心中充满了旺盛的斗志和必胜的信念，他让车夫将战车再往前开一点，他要第一个冲入敌营，砍下敌人的头颅。但就在他瞭望敌营时，看到的情形却令他瞬间崩溃，他看见自己的亲人们正在敌方阵营中，手拿武器与自己对阵。

刚才还蓄势待发的武士，此刻完全无法动弹，他该怎么办？是带领队伍冲上去，杀死自己的亲人？还是任凭对方来取自己的首级。

外面的大战还没有开始，而他内心的冲突却已经如火如荼——两股分裂的力量在体内不断碰撞，他感到肌肤随之灼烧，四肢变得沉重，嘴唇干燥，浑身发抖，每一根汗毛都竖了起来。

他大叫一声："天啊，我该怎么办？"

随即，便瘫倒在战车上，被这极端的冲突，逼进了绝望的死角。

上面这个故事，源自印度著名诗歌《薄伽梵歌》，最触动我的，是它将外面的大战与内心的大战融为一体。我们的内心，何尝不是一个厮杀的战场？假自我想杀死真自我，一种想法想杀死另一种想法，一种感受想杀死另一种感受，一种价值观想杀死另一种价值观，这两股对立的力量僵持不下，刀枪剑戟，引发人性动荡，自我坍塌。

这样的内心冲突，你有过吗？

我见过最激烈的内心冲突，是在我爸爸身上。他 30 岁时，因为和爷爷奶奶冲突，气只能吞着，结果满口牙全掉了。每想起这件事我就想哭，这真叫"打落牙齿和血吞。"

当时爸爸甚至跑到铁轨上自杀，但想到两个孩子（那时还没有我），又回来了。

想恨别人，发现那是父母，恨不成；转而恨意攻击自己，所以想自杀，可还有老婆孩子要养，不能自杀，这是何等的纠结。

这种纠结，发生在无数人身上，美国心理学家卡伦·霍妮称之为"基本冲突"，她的这本力作《我们内心的冲突》，透彻地解读了人类的基本冲突，可以帮助我们从内在的交战中突围，因而自从问世以来一直在世界范围内畅销。

在我心目中，好的心理学图书，应该能让所有认真读的人都能基本读懂，霍妮的书，就是这样的。

"好人"的内核，是一个疲倦的灵魂

在《我们内心的冲突》中，霍妮讲述了这样一个故事。

有一位工程师，他总是觉得自己特别疲惫、烦躁，有一次他出现这种状况，是在一次技术讨论中，同事的方案获得了采纳，他的则没通过，并且，这是在他缺席的情况下产生的决议。面对这种情况，如果他感到不满，完全可以据理力争，因为程序确实不合理；如果他真心觉得别人的方案好，也可以心悦诚服，接受大家的决定。只要他让自己的反应与内心感受一致，哪个选项都是对的。但问题在于，他对自己受到轻视很愤怒，却又不愿意把愤怒表达出来，因为他想给同事留下一个谦虚、大度的好形象。就这样，他像一只钻进了风箱的老鼠，两头受气，内心陷入激烈的冲突，自然会精疲力尽、烦躁不安。

一个人只要有了被人拒绝或轻视的感觉，无论表面上多么状态如常，但其内心，或者说是真自我，必然是充满愤怒、攻击性和破坏欲的，我将这叫作"黑色生命力"。黑色生命力不能被灭掉，其实也灭不掉，它应该被我们看见、理解和接纳。所谓看见，就是自我觉知，以及在关系中被回应。学习心理学的目的，就是要潜入潜意识的深井，让黑色生命力重见天日，并将其转化为亮色生命力。如果黑色生命力长期被忽视，没有被看见，找不到向外表达的途径，就会转而向内攻击自己。

任何关系中，我们都要敢于用愤怒守住自己的界限。人没有愤怒，犹如一个国家没有武装。弗洛伊德说，一个人必须学会合理或者象征性地表达他的攻击性，否则，他就会出现心理问题。

"好人"总是压抑心中的愤怒，在一次次内心厮杀中，假自我总是占据上风。人的生命力不能向外伸展，就会向内塌陷，黑色生命力的转化也就不可能完成。

做"好人"是要付出代价的，上面那位工程师就患上了神经症。

什么样的内心冲突会把人逼疯

我们都会有内心冲突的时候，但这不代表我们都得了神经症。卡伦·霍妮认为，正常的内心冲突，与神经症的内心冲突有两点不同。

其一，冲突的矛盾程度不同。正常的内心冲突，对立的两股力量会形成锐角，或者直角，"熊掌"和"鱼"二选其一，虽然令人为难，但还是可以做出取舍的。而神经症的冲突则会呈现180度的对立，其程度和"老婆与亲妈掉在水里，你救谁"一样难以抉择，你必须非此即彼地做选择，这会把人逼疯。

其二，正常的内心冲突，能够被看见，或者一经过提示，就能发现其存在。而神经症的内心冲突则隐藏得很深，患者很难察觉到它，但发作起来是不由自主的、失控的、强制性的，人们通常会因为强大的撕扯感，而失去选择的能力。

《我们内心的冲突》带给我们最大的意义，就是能够帮助我们察觉冲突，捕捉到黑色生命力，让内心和解，释放出生命的活力。当然，这个过程不是轻松的，很多人不敢靠近内心，对黑色生命力充满恐惧，他们就像站在悬崖边，在凝视深渊的同时，能感到深渊也在凝视他们。

认识自我，就像是跳入深渊，与黑暗拥抱，将心中曾被压抑、剥离的那些东西寻找回来，让自己复原，黑暗的生命力才能变得明亮，我们的生命也才能得以完整。

从关系的角度看问题

在相当长时间里，我对心理学的领悟，可以概括为两点：

1.世界是相反的；
2.从关系的角度看问题。

世界是相反的，即"当你看到了A，就意味着你看到了 -A"，当你在一个人身上看到了这一面，也意味着你同时看到了它的对立面。

例如，当我们看到一个从不发脾气的好人时，就要意识到，他必然有严重被压抑的坏脾气。崔永元在央视是一个彬彬有礼的人，很少爆粗口，但是被压抑的愤怒让他患上了抑郁症，从央视辞职后，他活得十分随性，想骂就骂，在这个过程中，他觉得自己的抑郁症竟然好了。

过去，我也时刻以"好人"的标准要求自己，例如在微博上和人激烈论战时，身体会发抖；现在遇到同样的情况，我常感觉浑身舒爽。压抑愤怒，会成为病人，合理地表达愤怒，是成熟的特征。

从"关系的角度看问题"，同样非常重要。很多问题原本像团迷雾，但如果从关系的角度看，一切都能清晰起来。卡伦·霍妮作为心理学大师，她与弗洛伊德最大的区别，就是从关系中去认识神经症。

在这儿我们要做一下介绍，精神分析可以分为两派：动力派和关系派。动力派特别重视性、攻击性这些动力，而关系派特别重视关系。弗洛伊德作为最早的创始人，他的理论是动力派，对关系有所忽视，而后来的精神分析学者，越来越重视关系。

依照精神分析，6 岁之前是人格发展的关键阶段，一个人的人格在此期间被基本定型，如果儿童在这一阶段遭受创伤，就埋下了患病的种子。如果以后的人生阶段再一次重复了类似的创伤，他就可能爆发相应的心理疾病。

心理疾病由重到轻可以分为三大类：精神病、人格障碍、神经症。精神病，是 1 岁前的养育出了大问题，人格障碍是 3 岁前的养育出了问题，神经症是 3 岁到 6 岁期间的养育出了问题。

创伤越早，患病越重。当然这是一个大致的说法，并不是非常精确。

所谓养育问题，就是父母与孩子的关系出现了问题。一位母亲给我讲述过她自己经历的一件事，她女儿在 3 岁的时候，一次因为太调皮，她破天荒地打了女儿一下，下手其实很轻，但表情十分严厉。挨了打的女儿没有哭，而是拿着自己心爱的积木，走到她身边，小心翼翼地说："妈妈，这个给您。"

这位母亲看着女儿的神情，心里一阵难过，她知道那是女儿最喜欢的玩具，女儿这么做，无非是想讨好自己。一个只有 3 岁的孩子在挨打后，不再能维护自己，转而去讨成年人的欢心，这让这位母亲触目惊心。后来，这位母亲再也没有打骂过女儿，现在孩子已经成年，一直很开朗阳光。

安全感，是自我成长的基石。你观察幼儿，就会发现，孩子很容易有这样一种行为模式：妈妈在身边时，他们劲头十足四处探索，而一旦妈妈不见了，他们立即号啕大哭，转而去找妈妈。

孩子在 3 岁到 6 岁时，如果父母与孩子的关系过于严厉、冷漠或者溺爱，孩子没有获得正常的安全感，就会主动停止自我成长，转而去寻找安全感，这是一种退行。上面那位 3 岁的女儿将自己喜欢的积木给妈妈，就是因为她从妈妈打她这件事情上，感到妈妈可能不喜欢她了，为了重新获得安全感，她宁愿牺牲自己心爱的玩具，去讨好妈妈。

这个逻辑如果发展下去，她就会成为一个讨好型的人，习惯自我牺牲，而付出的代价，是她的活力，她的主体感。

童年的痛，弱小的我们通常无法承受，必须扭曲，以保存自己，而这种保存自己的过程，就是神经症形成的过程。其实，神经症真正展现的那一时刻，我们已经长大，那些扭曲的痛，会以不可思议的形式展现出来。所以在我看来，苦难的童年是在为"神经症"播种。

神经症又叫神经官能症，包括恐惧症、焦虑性神经症、强迫性神经症、抑郁性神经症、癔症、疑病性神经症、神经衰弱，以及其他神经症等。在我遇到的神经症中，有一位性格豪爽、颇有男子汉气概的 19 岁女孩，独独怕蚂蚁，从不敢坐在草地上；还有一位 24 岁的男子不敢与人对视，也不愿意上街，他觉得"谁都能从我的眼睛里看到一些不对劲"，他觉得人们都在议论他。在我们的周围，很多人害怕坐飞机、害怕壁虎、害怕蜘蛛、害怕小狗、害怕待在一个狭窄的空间里，或者怀疑自己得了艾滋病、癌症等，这些形形色色的、难以理解的心理症状，都是神经症的表现。

其实，这些戏剧化的神经症症状，只是一个象征，核心在于患者童年时的创伤体验。美国心理医生斯科特·派克在《少有人走的路》中说，神经症的症状本身不是病，而是治疗的开端……它是来自潜意识的信息，目的是唤醒我们展开自我探讨和改变。各种内心冲突的爆发，其实也是在给我们发出这样一个信号：你已经成年，你拥有力量了，面对童年的伤痛，你不必再逃。

尽管神经症的症状千奇百怪，但万变不离其宗，卡伦·霍妮将它们分为三大类：服从型、攻击型和隔离型。

我们分别来讲讲。

有一种病，叫"你高兴就好"

一个人如果长期处在不友好的关系中，经常要讨好别人，自我得不到完善的发展，就会成为神经症的一大类型：服从型。

卡伦·霍妮用一位女性患者绘制出的画，表现出这一点：她处于画面中央，但如同婴儿般弱小又无助，而她身边全是奇怪又凶险的动物，一只巨大的蜜蜂绕着她飞，随时想发起攻击，一条狗也呲着牙想要咬它，还有一只想抓她的猫，和一只想用角顶她的牛。这些动物各自代表了什么并不重要，但却反映出她最渴望的，是能从危险与攻击性的环境中获得温情。服从型的人习惯于讨好别人，其内在逻辑是：你高兴了，我就安全了。所以，这类人会努力寻求别人的喜欢、依赖、思念和爱；一味追求别人的接受、欢迎、赞赏和钦佩。他们需要别人的帮助、保护、关照和引导；并且，还需要别人重视他，尤其是有某个人尤为重视他。

根据"世界是相反的"的观点，服从型人格，对自己都有强烈的压抑，面对任何攻击，都会选择躲避；面对自己的意愿，他不敢坚持；面对别人的错误，他不敢发声；面对表现的机会，他不敢挑战；面对心中的梦想，他不敢追求；他更不敢要求或命令任何人。他的生活永远都是以别人为中心的，别人的拒绝对他而言，已经不是简单的打击了，简直是致命的摧毁；只有别人夸奖他，他才会觉得有自尊；而如果别人厌恶他，他就会觉得异常受伤。患上这种病的人很可怜，他们的真自我形如枯槁，奄奄一息。

还有一种神经症，叫洪桐县里无好人

3 到 6 岁的孩子在亲子关系中缺乏安全感后，除了会用心爱的积木拿讨好父母外，还有可能用积木做武器，用它来打父母，伴随大哭大叫："你是个坏妈妈，坏爸爸。"长期浸染在这样的关系中，孩子就会形成另一种神经症类型：攻击型。

服从型人的一个主要特征：坚信人人都是善的，却又因此不断遭受打击。而攻击型人的一个主要特征：坚信人人都是恶的，洪桐县里无好人。在这类人看来，生活就是一场战争，任何人都要争个你死我活。

我就见过这样的一位年轻人，他因为父母早年离异，而且常年对他疏于照顾，所以一直到三十多岁，他都对周围的人充满提防与仇视。不是没有人愿意亲近他，但他却无法和任何人成为朋友，在他看来，所有人都是拿来利用的，他选择是否结交一个人，最重要的判断标准，就是能否从对方身上捞到些好处。

他对待两性关系也是如此，女性对他的意义，不过是能带来乐趣而已，他同时交往了好几个女朋友，并且不允许自己身陷任何一段感情。他甚至很鄙视对他人投以真情的人，无论是友情还是爱情，认为这是无能者才有的表现。而无论是哪种关系的崩坏，他都会将责任推到对方身上，认为是对方做的不够好，不够照顾、体谅自己，而对于自己的种种错处，他却都觉得是理所应当。

这种以恶看人的人，自认为只有攻击别人，才能获得安全感，但是他们却将自己与人群对立起来，内心永远处于备战状态，永远无法获得安宁与和谐。

古墓派，也是一种神经症

还有一种孩子，既不会用积木讨好父母，也不会攻击父母，而是会躲在一个没有人的角落，自己构筑起一个属于自己的世界，并将这里作为避风港。这些孩子长大成人后，容易患上神经症的第三种类型：隔离型。

自我隔离的人，很像《神雕侠侣》中的古墓派，古墓派中的女子拒绝与别人建立关系，尤其是与男人建立关系，她们立誓一生一世都不得离墓，就像一个活死人，林朝英、李莫愁这些古墓派人，纵然身手了得，但是性格却有着极大的缺陷。

古墓派是一个虚构的门派，但现实生活中，这样自我隔离的人却是真实存在的。他们就像是酒店里的神秘房客，房门上永远挂着"请勿打扰"。据说现在在秦岭（也就是古时的终南山）还有隐士大约五千人，其中有多少是修炼灵性的？又有多少是自我隔离的？我们不得而知。

城市中的"隐士"也随处可见，我认识一位女性，她是那种心思十分单纯的人，因为怕受到伤害，她说自己在居住的小区中从来不愿交任何朋友，宁肯自己一个人独自待在家中，只有独处时她才感到舒服、踏实。

隔离型的神经症患者，在现实生活中，总是特立独行。他们情愿独自工作，独自睡觉，独自用餐。和服从型人形成鲜明的对照，他们一点都不希望和人分享自己的心得，他们把自我隔离当成了一种防御手段，然而这样的防御是如纸般脆弱的，轻易就会受到外界打扰，引发心绪难平。

神经症就像"蜘蛛网"，困住了生命

当孩子遭遇难以承受的现实时，会发展出一套特定的心理防御机制，人为扭曲事件的真相，将其变得可以被自己接受。从这一点上讲，神经症似乎成了一种保护力量，然而，这样的保护，实际上是想掩盖冲突。他们会在伤痛的周围布下防线，将内心的冲突深埋，这些防线就像一层层"蜘蛛网"，虽然能遮蔽起冲突，但也同时禁锢了生命的活力，让人失去了原有的魅力。

"蜘蛛网"具体是什么构成的？

第一部分——"理想化形象"。因为有了"理想化形象"，所以真自我被遮挡住，人们活在了大脑虚构的世界中。

神经症的口头禅常常是"我应该如此""我本来可以""我不应该这样"，言外之意，他心目中有一个很杰出的自我形象，但是这个形象是虚构的，并不真实。卡伦·霍妮用了一幅漫画来比喻，说一位臃肿的中年妇女站在镜子前，而她看到的自己，竟然是个有魔鬼身材的年轻姑娘。

在"理想化形象"中，一切都被扭曲了，但也正因如此，神经症患者才感受不到内心的冲突，安心活在自己的幻想中。

第二部分——"外化作用"。当"理想化形象"与真自我之间的鸿沟越来越大，内心的冲突再也无法掩盖的时候，神经症患者又会通过"外化作用"，将内心的冲突转化为外在冲突，将内部矛盾转化为外部矛盾。也就是说，他们会把自己的问题，看成是别人的问题。卡伦·霍妮举例说，一位女性总是抱怨丈夫优柔寡断，她会为一些无关紧要的小事，冲丈夫大发脾气，后来，卡伦·霍妮发现其实真正优柔寡断的是这位女性自己，她憎恨自己身上的这个毛病，却把将这种憎恨自己的怒火转移到了丈夫身上。有意思的是，当卡伦·霍妮旁敲侧击地告诉她，她所厌恶的毛病也存在于她自己身上，她听后瞬间爆发了，几乎要把自己撕成碎片。她无法容忍自己也有这样的缺点，因为在她的理想化形象中，自己是一个果敢决断的女性。

第三部分——盲区、区隔化、合理化作用等。神经症患者为了掩盖冲突，还会通过盲区、区隔化、合理化作用等方式实现目的。所谓"盲区和区隔化"，就是用"打隔断"的方法，对待不同的感受和行为。由于总是受到冲突激烈撞击，神经症患者的内心已经四分五裂，不再完整，所以，他们会在心中制造出许多隔离区，让彼此冲突的感受和行为互不见面，让隔离区成为盲区。也就是说，把整体的生活切割为隔离的局部——什么给朋友，什么给敌人，什么给家人，什么给外人，什么给群体，什么给自己，什么给上司，什么给下属，全都界限清晰。在他们看来，一个范围内的事情，绝对不会与另一个范围内的事情产生矛盾，它们能够相安无事。

卡伦·霍妮举了一个例子，一位服从型的人，虽然他一直认为自己是圣人级别的至善之人，然而有一次他却亲口承认，在某次公司会议上，他恨不得找把枪将所有同事全都干掉。杀人念头在当时是无意识被激发的，但重点是，他杀人的念头，丝毫没有影响他圣徒般的理想化形象，因为这两者不在一个隔断中，不会相互冲突。

……

上述这些，构成了一张密实而坚固的"蜘蛛网"，在掩盖冲突的同时，也将神经症患者牢牢困住，无法脱身。他们对生活丧失信心，因为那不是他们想要的生活；他们无法做出决定，因为他们根本不知道自己究竟想要什么。不过，尽管这张"蜘蛛网"厚重严密，似乎可以包裹住一切，但那些被压抑的伤痛和冲突，还是会以很奇葩的形式爆发出来，比如害怕风雨雷电、害怕遇到鬼怪、害怕结婚、害怕不完美、害怕失控、害怕暴露自己、害怕自己的害怕等。同时，这张"蜘蛛网"还会阻断他们汲取力量，让他们的人格萎缩，具体表现如下：

其一，是优柔寡断。人们会一直处在犹豫的状态中：点这道菜还是那道菜？买这只箱子还是另一只？是看电影还是听广播？这些小事都能让他为难不已。而至于应该选择什么职业，得到工作之后又该怎么做；两个女人中到底选哪一个；是赶紧离婚还是拖一拖再看。以上这些问题中的任何一个摆在他们眼前，都会激发出他们心中的巨大不安，让他们身心疲累。

其二，低效率。患者内心的冲突，就像在一脚踩住刹车的同时，一脚又踩住油门，浑身都在用劲，车却在原地轰鸣。

其三，普遍性懈怠。由于内心的冲突和压抑，患者的状态必然死气沉沉，即使偶尔有激情萌动，也只是转瞬即逝。他们将自己淡化成一团影子，而不是一个真实的人。

人格萎缩，必然造成真诚流失，让人只能活在虚假的世界中——这里有虚假的爱，虚假的善，虚假的公平，虚假的痛苦，虚假的爱好等。

心灵的死亡，是终极的绝望

带着冲突生活，就像携带着炸弹在人群中走路，不知道什么时候就会被引爆。这类人小心翼翼地拿捏着和别人的关系，极度控制自己，一刻也不能放松警惕，似乎这样就能不让危害发生。

而很多的矛盾与纠结，正是在这样的情况下产生的。

卡伦·霍妮举例说，一个人想让别人牵头做事，但同时又对自己不能做领导、只能看着别人出风头而耿耿于怀；一位女士为丈夫取得的成就而喜悦，但同时又对丈夫暗自嫉妒。

严重的神经症患者，感到自己就像是笼中鸟，被囚禁于冲突中，他们无数次扑楞着突围，可是每一次都以失败而告终。他们认为当自己结婚、有了心爱的伴侣或者住进了宽敞的房子，一切就能变好了，然而由于冲突并未得到解决，每一次外界的改变，都必定让他们在旧的不满得到满足后，又生出更多新的不满。这让他们心力衰竭，无比失望，继而绝望。可以说，只要内心的冲突没能得到解决，只要无法保持身心的统一，最终必然导致绝望。

绝望中的他们，为了寻求最后的挣扎，不可避免会产生虐待倾向。陀斯妥耶夫斯基的小说《白痴》中描写了一位患有肺病的教员，他会向学生的点心吐口水，会因为把面包捏成碎渣而欣喜若狂。他因为自己活得很绝望，所以一定要把自己的不幸转嫁到别人身上，他希望知道倒霉的不是只有自己，如果看到别人和自己一样失败、堕落，心情就会舒畅。换个角度说，在每种看似没有人性的表象后，都站着一个正被绝望折磨的人，因为无从解脱，所以肆意妄为。

人格完整，是我们努力的方向

霍妮在本书最后一章说，关于心理治疗最全面的定义是：争取人格的完整。即，没有虚假，感情真诚，敞开自己的心去拥抱一段感情、一份工作、一种信念。

实际上，卡伦·霍妮所说的人格完整，就是活出真正的自我。

克尔凯郭尔说，一切绝望都是源自于对"做自己"不再抱有希望。

约翰·麦克马雷说，除了彻底地成为我们自己之外，我们的存在再也没有别的意义了。

我在"得到"上说，生命的意义，是成为你自己。

成为你自己，不是一句空洞的口号，可以在关系中去完成。

美国催眠大师艾瑞克森治疗过一个待在精神病院的"耶稣"，那是一个孤独的"耶稣"，不能与任何人相处，是典型的隔离型人格。

"你会木工吗？"艾瑞克森问。

"当然。"那个"耶稣"回答道，谁都知道耶稣是一个木工。

"好吧，"艾瑞克森请求，"医院很多地方需要你的手艺，出来干活吧。"

干活中，他和人建立了关系，心理疾病逐渐得到控制。

这个故事说明两点：一，人际关系的温暖，比妄想成为神，更吸引人；二，痛苦不会从生活中消失，只会消失在生活里。

卡伦·霍妮这本书，堪称心理学杰作，我的导读仅仅是浮光掠影，里面的内容令人震撼，分析得入木三分，能触碰到内心冲突者们最深的痛苦与黑暗。触碰了自己的痛苦，我们才能懂得别人的痛苦；触碰了自己的黑暗，才能接纳别人的黑暗。最后发现，外部世界的善与恶，都是内心善与恶的投射，这两者是一致的，于是内心和解，知行合一。

愿每次阅读，都能成为我们的一次心理突围，助我们逐渐达成最真实的自己。

目录

CONTENTS

第二部分
冲突未能解决的后果

| 前言

我写这本书的目的，是为了促进精神分析的发展。书中的很多内容，来自我对患者，以及自己的分析。这些理论是经过很多年时间，才慢慢形成的。美国精神分析研究协会曾邀请我做系列讲座，准备期间，很多观点逐渐变得清晰起来。我第一次讲座的题目为《精神分析的技巧》（1943年），主要讨论精神分析的技术。1944年，我进行了第二次讲座，题为《人格的整合》，讲座的内容不仅包括这本书，还涉及"精神分析疗法中的人格整合""孤独心理学"和"虐待狂倾向的内涵"，这些内容我曾经在医学院和精神分析推进会都讲过。

对于一些想要改变精神分析理论和方法的治疗师们来说，我希望这本书能给他们带来帮助，并将其运用到患者和自己身上。精神分析要想向前发展，就必须攻克难关，解决我们自身的各种困难，如果安于现状，不思改变，理论就会变得苍白、教条。

我坚信，一本书只要不是单纯讨论技术问题和抽象心理学理论，对于想要认识自我、并从未放弃自我成长的人来说，都会受益匪浅。我们生活在复杂的文化中，大多数人都有书中所描绘的那些内心冲突，急需得到帮助。虽然，严重的神经症还是要靠专家来解决，但只要我们坚持不懈，在很大程度上，内心的冲突也是可以自己解决的。

我要感谢那些前来接受心理咨询的人，正是在和他们的沟通中，我对神经症有了更深的认识。还要感谢我的同事们，他们的热情和兴趣让我受到鼓舞。我所说的同事，不仅是年长的同事，也包括正在研究所里培训的年轻同事，即使是来自他们的不同意见，都让我深受启发和鼓舞。

还有三个人，虽然不是精神分析师，却用自己的方式，支持着我的工作向前推进。第一位是埃尔文·约翰逊博士，他让我有机会，在新社会研究院发表自己的观点，当时弗洛伊德的经典精神分析学说，是唯一被肯定的分析理论和实践方法。我还要特别感谢克拉拉·麦耶。她是新社会研究院哲学和人文学系的主任，多年来，她一直对我的工作表示出兴趣，鼓励我将发现的新观点，拿出来与人分享。第三个人是我的出版人诺顿先生，他是我的助手和参谋，本书的质量由于他的协助而大大提高。最后，我还要向密勒·库恩深表谢意，他在很大程度上帮助我更好地组织了材料，更清晰地陈述了我的观点。

卡伦·霍妮

| 导论

不管基于什么目的，也不管道路有多曲折，只要我们开始研究神经症，就一定会发现：人格的混乱与冲突，是一切神经症的根源。我不是第一个发现这件事的人，任何心理学研究最终都会指向这一点，所以，这算是一次再发现，每个时代的诗人和哲学家都很清楚，内心宁静、知行合一的人，是不会得精神疾病的，只有内心冲突不断的人，才会饱受精神疾病之苦。用现代的语言来说，就是，无论症状是怎么表现的，神经症的本质都是人格的混乱，牵扯着人际关系的扭曲。正因如此，无论我们是做理论研究，还是做临床治疗，都要好好了解神经症的性格结构。

弗洛伊德的伟大创举，也是围绕着这一点而展开的。尽管，他在自己的本能理论中并没有进行清晰的描述，但是他的传承人，也是他的研究者弗朗茨·亚历山大、奥托·兰克、威廉·赖希、哈罗德·舒尔茨·汉克等人，却对神经症的性格结构做出了明确的定义。然而，他们对性格结构的本质，及其引发原因的解释，我却无法认同。

在研究了弗氏的女性心理学假说后，我发现弗洛伊德小看了文化对人的影响，事实上，文化对人的影响非常深远，比如，一般人脑海中之所以会有"男人应该威武，女人就该温柔"的观念，就在于文化因素对我们产生了影响。而弗洛伊德对文化因素的忽视，必然会导致结论的偏差。在过去的15年中，我对该问题的兴趣愈来愈浓。与埃里希·弗罗姆共事时，他对社会学和精神分析的丰富知识，让我更加意识到社会文化对我们的影响，绝不仅仅局限在女性心理学方面。1932年，我来到美国，越发坚信这一观点。在这里，我看到美国人的神经症与欧洲人的很不一样，可见文化因素起到了莫大的作用。在《我们时代的神经症人格》一书中，我阐述了自己的这一观点：神经症，是由文化因素引起的。更具体地说，神经症，是由文化中人际关系的扭曲和紊乱带来的。

在写成《我们时代的神经症人格》之前的那几年，我还进行了一项研究：神经症的驱动力是什么。这项研究最初遵循一些假说，比如，最先解答这个问题的弗洛伊德认为，是具有强迫性的驱动力，驱动出了神经症，这种驱动力属于人类本能，人们用它来获得满足感，回避挫败感。既然是人类本能，这种驱动力就不仅仅存在于神经症患者身上，而且会存在于所有人当中，因此，人人都会患上神经症。但是，如果按照我的观点，神经症是因为人际关系的扭曲和失调引起的，那么，弗洛伊德"神经症的驱动力是人类本能"的假说，自然也就不成立了。在这个问题上，我的结论是：只有神经症患者有强迫性驱动力，它是由孤独感、无助感、恐惧感和敌对感而引发，是患者应对世界的方式；它的首要目的，不在于获得满足感，而是为了得到安全感；它的强迫性，来自于内心的焦虑。在《我们时代的神经症人格》中，我详细阐述了两种最明显的神经症驱动力——对他人的依附和对他人的操纵。

我其实一直很赞同弗洛伊德的基本理论，但是，当我想要深入研究其精髓时，却发现自己必须走上一条与之相反的路。如果那么多弗洛伊德认为的"生物本能"，其实都受到文化因素的影响，如果那么多弗洛伊德认为的"力比多"（原欲），其实只是神经症患者对情感的病态需求，它们是被焦虑引发的，目的在于与他人相处时感到安全，那么弗洛伊德所说的"力比多"理论，显然就站不住脚了。

童年的经历固然重要，但我们应该从全新的角度来解读，因此，我有必要将我与弗洛伊德的不同思想，明确阐释出来，这份阐释写在了《精神分析新方向》中。

我对神经症驱动力的研究，在此期间仍在继续，我将其称作"神经症倾向"。在一本书中我详细描述了它的十种类型，并得出了这样一个结论：性格结构，是神经症的核心。在我看来，性格结构就像是一个宏观的世界，由许多相互作用的微观世界组合而成，而每一个微观世界的核心，都有一种驱动力，即神经症倾向。这种观点有一个实际的作用，就是当我们面临困境时，精神分析将不再一味地把困境与过去的经历相联系，而是努力弄明白当下自己的性格中，正在相互作用的每一种驱动力。这样一来，只需要借助心理医生的一点点推力，甚至无须他们的帮助，就可以认清自己，改变自己。今天人们对于心理治疗的需求越来越大，能从中切实得到帮助的却少得可怜，这种情况下，自我分析成了最好的补救。由于这本书中大篇幅讲了如何自我分析，有什么局限性，以及自我分析的几种方式，所以，我取名为《自我分析》。

当然，我的理论也并不是完美的。比如，对于个体倾向的解释我就不是太满意，我将这些倾向各自进行了详细论述，但是由于列举方式过于简单，很容易给人造成错觉，认为它们是孤立存在的，淡化了它们之间的相互作用。其次，我看到了神经症患者异常地需要情感，需要强制性地表现出谦虚，需要畸形地与"伴侣"相处，但我没看到的是，这些需求叠加后，会形成一种对待他人和自己的态度，即一种独特的生活哲学，而他们这些特点，正是我们现在所说的"讨好他人"的性格类型。同时，我还看到，对权力和威望的强迫性渴望，与神经症患者病态的"雄心壮志"之间存在很多共同点，而这些共同点大致构成了"对抗他人"的性格类型。此外，迫切需要"获得赞美"和"追求完美"，虽然符合所有神经症倾向的特征，并且会影响到患者与他人的关系，但是，它们首先且主要影响到的，还是患者与自己的关系。还有，神经症患者需要"利用他人"，但这种需求似乎不像需要情感和权力那样，属于基本需求。

我的种种思考、质疑和灵光一闪，后来都被证实是正确的。

在接下来的几年里，我将关注的重点，转移到了"冲突"在神经症中的作用上。在《我们时代的神经症人格》中，我曾说过，神经症是通过不同倾向之间的冲突和碰撞产生的。在《自我分析》中，我也说过，神经症中这些相互矛盾的倾向，不仅增强了彼此的存在，也造成了冲突的出现。尽管如此，长期以来，冲突仍然被视为是一个次要问题。弗洛伊德虽然意识到了内在冲突的重要性，但他却把这些冲突看作是一种压迫与被压迫之间的较量。而我所理解的冲突，则是另一种概念，它们在一些相互对立的倾向之间短兵相接，最初的冲突，体现在人们对待他人的矛盾态度上，但随着时间的推移，冲突越来越广泛，逐渐延伸到了人们对待自己的矛盾态度、矛盾的人格，以及矛盾的价值观。

通过对神经症患者的观察，我越来越认识到冲突的重要性，起初，最让我感到震惊的是，患者对自身的明显矛盾视而不见。当我指出这些时，他们变得闪烁其词，看起来似乎不愿意让我继续分析下去。后来，接触的患者多了，我才发现，他们之所以对内心的冲突含糊其辞，是因为他们极度反感捕捉到自己身上的矛盾。当我点破这点时，他们突然发现自己内心的冲突，立刻就会变得恐慌，我与他们打交道，就像是在接触"炸弹"一样，而这些"炸弹"完全有可能把他们炸得粉碎。正是由于害怕这一点，患者才会支支吾吾，极力逃避。

随后，我发现，患者投入了大量的精力和智力，想方设法"解决"内心的冲突，更确切地说，是通过否认冲突的方式"解决"冲突，制造出一种虚假的和谐，完全不承认冲突的真实存在。*

这些患者主要使用四种方法，来"解决"内心的冲突。

第一种是掩盖一部分冲突，把对自我的控制权，拱手交给对立面，并将对立面提升至主导地位。

第二种是"疏远他人"，保持孤独。现在，我们对神经症的疏远功能有了新的见解。疏远是由基本冲突引起的，但同时，也意味着患者尝试通过疏远，让自己与他人在情感上保持一定的距离，以此来"解决"冲突。所以，神经症患者的疏远，是病态的孤独。

第三种是"远离自己"，让真实的自己变得不再真实。这些患者会在心中假想出一个理想化的自我形象，将冲突的每一个部分都粉饰一番，让人们误以为他们内心的冲突是自身人格丰富的表现。理解了这一点，就能够帮助我们看清许多神经症问题，这些问题曾经令我们感到棘手，难以理解，更不用说治疗了。譬如，过去有两种神经症倾向难以进行整合、分类，现在我们可以清楚地看到，那些追求完美的患者，其实是想努力达到理想化形象，而那些渴望获得认可的患者，其实是需要外界肯定他就是自己的理想化形象。但这种理想化形象距离真自我越遥远，这种需求就越难以满足。在所有"解决"冲突的方法中，理想化形象可

　　★　原注：全书中，我都将使用"解决"一词，表达神经症患者为摆脱冲突而做出的尝试性努力。严格来说，由于患者潜意识中拒绝承认冲突的存在，所以，他的努力并不是要去"化解"冲突，而是为了"掩盖"冲突，逃避问题。

能是最重要的一个，因为这种理想化形象，会对整个人格产生深远的影响。但问题是，理想化形象与现实中的真自我存在着一条鸿沟，鸿沟越深，内心的冲突就越激烈，因此需要进一步修补。

第四种是通过"外化作用"，修补心理裂缝。很多时候，神经症患者会通过外化作用，把内心的冲突，当成是外面发生的冲突，将内部矛盾转化为外部矛盾。理想化形象，意味着远离了真自我，而外化作用则能修补这一心理裂缝，但也不可避免会引发出新的冲突，或者说，放大了原来的冲突，其中最突出的就是，夸张地放大了自我与外界之间的冲突。换言之，患者内部的冲突越激烈，他与外部的矛盾就越尖锐。

我将上面这四种尝试，称为神经症患者试图"解决"内心冲突的主要方法。它们在形形色色程度不同的神经症中，都有规律地发挥着作用，给人格带来了深刻的变化。当然，这四种方法并不是全部，还有其他一些方法，却不具有普遍性。譬如，用"武断"的策略，来消除所有内心的疑虑；用严格的自我控制，来支撑一个已经被撕裂的人；用愤世嫉俗的态度，在贬低所有价值观的同时，消除关于理想的冲突。

原来，我对这些尚未解决的冲突所造成的后果，并不了解，现在却知道，各种各样的恐惧，空耗精力，道德沦丧，以及对感情纠葛深深的绝望等，都是尚未解决的内心冲突所带来的后果。

理解了神经症的绝望的重要性之后，我也明白了虐待倾向的内涵。神经症的绝望，是对真自我的绝望，正是因为他们无法成为真自我，所以才试图通过替代性的方法来解决内心的冲突，而这种替代性的方法是对不能成为真自我的一种报复。心理健康的人不会虐待别人，只有被虐待过的人才会虐待别人，因为他对"做自己"已经感到彻底绝望了。在他看来，"做自己"就是被虐待。所以，这些人会强迫性地产生出一种永不满足的报复心理。由于缺乏一个更好的术语，我们称之为"虐待狂"。

至此，一套关于神经症的理论获得了发展，该理论认为，基本冲突是神经症的核心驱动力，分为三种：讨好他人、对抗他人、疏远他人。为了"解决"人际关系的冲突，患者从一开始就付出了艰辛的努力，试图调和内心的冲突，保持自我的完整，不愿意遭受人格被分裂的痛苦。他们用自己的方法，虽然可以制造出一种假象的平衡，但新的冲突却会不断产生，需要他不断补救。所以，神经症患者是在绝望地"解决"问题，越"解决"，越绝望。他们每一次想要统一自我的尝试都是作茧自缚，只会让自己变得更加怀有敌意，更加绝望，更加恐惧，更加远离自己和他人，最终的结果是，内心的冲突更尖锐，病情更严重，真正的解决办法越来越少。当患者感到绝望之后，为了得到补偿，他们只能采取虐待狂的行为，这反过来又增加了新的冲突，让他们变得更绝望。

神经症的发展和它所导致的性格结构，构成了一幅令人沮丧的画面。面对这样的情况，为什么我还会认为我的理论是有建设性的呢？首先，它消除了那些不切实际的乐观态度，认为我们可以用荒谬的简单方法来"治愈"神经症，同时，也推翻了神经症非常难治的悲观态度。称它为建设性的，是因为它能够让我们第一次一针见血地抓住并化解神经症的绝望，不仅能缓和，还能实际化解内心的冲突，有效地整合人格。不弄清楚这些理论，我们就不明白，为什么神经症患者努力"解决"内心冲突的尝试，最终都会遭遇失败，不但徒劳，而且有害。但是如果能够将性格中造成冲突的倾向，在真诚的平台上进行改变，努力成为真实的自己，就能真正解决内心的冲突，做到知行合一。一个人绝望、恐惧和敌视的病态心理，完全可以通过精神分析在接纳的基础上获得改变，同时还可以降低患者与自己，与他人的疏离程度。

弗洛伊德认为，神经症的治疗是悲观的，这源于他并不看好人类的善良天性，更不看好人类的发展前景。在他的观念中，人类是被本能驱使的，这种本能是无法控制的，充其量只能"升华"，注定要遭受痛苦或毁灭，所以，他对神经症及其治疗不抱太多希望。但我的看法是，人有能力和意愿发展自身的潜能，变得更加优秀，对此我深信不疑。不过，如果他与他人的关系，以及与自己的关系，持续受到干扰和破坏，情况就会变得糟糕起来。随着认识的深入，我越来越坚信这样一个观点：只要人活着，就能不停地改变。

神经症冲突和尝试性解决

Our Inner Conflicts

第一部分

第一章　激烈的神经症冲突

　　首先声明一点：内心有冲突，不等于患了神经症。

　　事实上，内心冲突会贯穿我们的一生，并存在于生活各处，我们与梦想、爱好、观念和他人之间，都可能存在冲突。如同人类与环境的冲突从未停止，内心的冲突也不会从生命中消失。

　　动物的大多数行为，都源自本能。它们之所以会交配、哺育后代、觅食和防卫，靠的不是个体意志，而是本能的安排。人类则不同，人类有能力自己选择，这是人类的特权，但也是必须担负的重任，唯有人类，才必须面对选择。选择的困难，在于时常要在两种相反的愿望中取舍，比如想要独处，却又渴望陪伴；比如想要学医，却又放不下音乐。又或者，我们必须去做的事，并不是自己想做的，比如，有人陷入困境，正等着我们救他于水火，但我们真正想做的，其实是和恋人继续约会；我们希望一团和气，但有时候因为观念不同，言语难免得罪别人。甚至，我们还会在两种价值体系间挣扎，比如战争爆发后，是该勇敢地去前线杀敌，还是留在亲人身边照顾他们？

　　我们所处的文明，决定了冲突的种类、范围和强度。如果文明处于稳定状态，有了固定的传统，选项变得有限，人的内心就不会体验到多样化的冲突。不过，即使是在上述情况下，冲突也还是存在的。毕竟，一种忠诚可以与另外一种忠诚相矛盾，个人欲望也可以与群体权益相矛盾。但是，如果文明正处于急剧转型期，价值观会变得尖锐对立，生活方式也花样翻新，对个人来说，选择就变得多样而艰难。我们可以活在别人的期待里，也可以成为特立独行的个体；可以乐于交际，也可以活得像个隐士；可以崇拜成功，也可以不屑一顾；可以坚持孩子要严加管教，也可以让他们自由成长；可以认为男女的道德标准不必相同，也可以认为两性应该一视同仁；可以认为性必须发自亲密的情感，也可以认为性与爱毫无关系；可以执着于民族主义，也可以认为人的价值与肤色和鼻子形状无关——类似的例子不胜枚举。

　　每个处于文明时代的人，都必然要做出选择，因此，发生冲突在所难免。然而让人意外的是，大部分人被冲突所困时，根本不知道发生了什么，更别提寻找对策了。他们总是跟着别人跑，没有自己的见解，只能无意识地妥协。我这里所说的都是正常人，他们并不完美，但也不是神经症患者。

想要发现冲突，并找到解决之道，有四个先决条件：第一，我们先要明确自己想要什么，我们内心的真实感受又是什么。对于某个人，我们是不由自主地喜欢，还是理智上觉得应该喜欢他？父母去世，我们的眼泪是因为真的悲伤，还是觉得按照惯例必须要哭？对于做治疗师或律师，我们是真心向往这份职业，还是因为收入颇丰、说出去体面？关于孩子，我们是真的想帮他们获得独立和幸福，还只是随口说说？我们真实的需求和感受，其实都很简单，但我们未必了解。

第二，想要看清冲突，我们先要为自己构建出一套完整的价值观，因为内心冲突都是由观念、道德引起的。这套价值观必须属于我们自己，别人的价值观和我们必然存在距离，即使造不成冲突，但也不会触及内心，更不会决定结果。人们总是很容易接受新的观念，并用之替换掉原来的，但如果我们把别人的价值观简单套用在自己身上，那么很多关乎切身利益的冲突，也就被隐藏起来了。比如，一位父亲目光狭隘，但他的儿子却习惯了言听计从，那么当儿子被父亲安排去做一项并不适合他的工作时，儿子的内心就不会感知到冲突的存在。再比如，一位丈夫发生了婚外情，他本身处于强烈的冲突中，但由于他对于婚姻和情感缺乏道德观，所以干脆对双方都不摊牌，以此掩盖住了冲突。

第三，就算我们能认识到自己正处在冲突中，也仍然需要舍弃冲突中的一方，才能脱身。我们必须这么做，却很少有人能在选择时毅然决然，因为我们的情感与信念总是互相交缠。尤其是，大多数人都是缺乏安全感与幸福感的，这种情况下，人很难做到保持清醒的头脑，并自愿舍弃。其实，大多数人在舍弃任何东西时，都会觉得安全感在流失，快乐在减少。

第四，任何决定都有错误的风险，所以在做出决定前，我们先要确认自己能对结果负责，不会推卸责任。决策者应该有这样的想法："这是我的选择，无关他人。"身为决策者，必须具备多数人并不拥有的内在力量和独立性。

对于总是被冲突桎梏的人，实在有理由去钦佩那些能将冲突解决的人，就算我们不愿意承认，但心中的羡慕甚至嫉妒却是真实存在的。他们必然拥有了完整的价值观，才能以强者的镇定自若，不受冲突所累，顺利地去生活。时间的磨砺，或许会让冲突变得稀松平常，让人的心境也变得平和，然而，如果这些镇定只是假象的话，那么我们所钦佩的人，也不过是些投机客，他们解决冲突，靠的不是自己的能力与信念，而是冷漠、服从或人云亦云。

在经历冲突的同时，能觉知到冲突的存在，固然会让人痛苦，但却是一种珍贵的能力。越是能尽早看清并解决掉冲突，也就能越早拥有内心的强大和自由。只有当我们甘愿承受打击时，我们才能成为自己的主人。因此，虚假的镇定配不上我们钦佩，它只能植根于内心的愚钝，让我们脆弱不堪。

如果连生活中最基本的问题都充满了冲突，那么看清冲突，就会成为一件困难的事，解决冲突也就更加不易。但我们不能回避，因为生活必须继续。能让我们认识自己、相信自己，并由此形成信念的，唯有教育。生活需要理想，理想可以指引前进的道路，而这一切的前提，都要求我们做出正确的选择。

对正常人而言，认识和解决冲突，已然困难重重了，对于神经症患者来说，难度更甚。神经症有轻重之分，我这里所说的"神经症患者"，是指那些"确实已经呈现出病态的人"，这种人几乎觉知不到自己真实的感受和欲望，只有当被别人戳到痛处的时候，他们才能在意识中清晰地感受到愤怒和恐惧。但是，即使是这两种感受，也会被他们强行压制下去。没有真实的感受，就没有正确的选择，更没有真实的理想。他们原本的理想被一些强迫性的需求所取代，无法给他们指引出正确的方向。在这种强迫倾向的驱使下，他们完全没有能力做出取舍，完全没有能力为自己负责。

很多困扰正常人的问题，也会引起神经症冲突，但是在性质上，两者会有区别。也因为这个原因，有人质疑是不是应该用同样的术语，来表述以上两个不同范畴的问题。我的看法是，只要我们没忘记两者是存在区别的，那么这种运用就不存在问题。

神经症冲突的特点，到底是什么呢？

举个容易理解的例子。一位工程师和别人一起做研究，他总是会感到疲惫，还心烦意乱。其中一次发作，是因为下面这件事：在技术讨论中，他同事的观点获得了大多数人的赞同，而他的支持者却很少，而后产生决议时，他并不在场，因此也没机会为自己申辩。在这种情况下，他有两种选择：如果感到不满，他可以以决议流程不合规定为由，据理力争，为自己争取一个公平的机会；如果他真心觉得别人的方案好，则可以心悦诚服地接受大家的意见。无论哪一种，都会给他带来感受和行为的一致性，但他偏偏哪个都没选——他很愤怒，感到自己被轻视了，但是又没有反击，只敢在梦里发泄心中的怒火。他的愤怒来自两个方面，一方面是对他人的愤怒，一方面是对自己的愤怒。他为自己不敢表达愤怒的懦弱行为感到愤怒，这两种被压制的愤怒，导致了他疲惫不堪，精疲力竭。

　　这位工程师之所以无法内外一致，是多重内心冲突导致的结果。一方面，他会无意识地认为，在这个专业内，自己是最厉害的人，于是他在心中树立起了一个高大的自我形象；另一方面，他高大的自我形象，又严重依赖别人的肯定，如果得不到别人的肯定，他高大的自我形象就树立不起来。事实上，这是相互矛盾、相互冲突的。在冲突的一端，他形象很高大，很自信，也很霸道，谁要是认为他不行，敢于轻视他，他会怒不可遏。由于过度自信，他甚至还有了一种虐待倾向，会忍不住地想贬低别人，这是一种无意识的行为。但是在冲突的另一端，他又迫切需要别人的肯定、赞美和好感，不得不用友好的态度来掩盖冲突的另一方。而他尽力保持谦让、忍耐和顺从的姿态，还有另一个原因，他希望别人能够主动承认他很厉害，帮他达成目的。于是，冲突便产生了：一面是强烈的攻击性，由愤怒和虐待冲动带来，极具破坏力；一面是姿态高尚且通情达理，由依赖别人的赞扬和肯定带来。结果就是，他既不敢把愤怒向外发泄出来，怕得罪别人，失去别人的赞美和肯定，又心有不甘，愤愤不平。人们看不到他内心的激烈冲突，只看到了他被冲突撕扯后显露出的疲惫。

我们认真分析一下，会发现这个例子中的各个倾向，都充满了冲突。恐怕很难找出比这更极端的例子了——一个盛气凌人的人却希望获得别人的尊重，一个极力贬低别人的人却又想去讨好别人、忍耐服从。这位工程师对于整个冲突毫无觉知，他不仅没觉察到内心存在的巨大矛盾，甚至还把它压抑下去了。他将心中的战火强行熄灭，只在外部泛起一缕烟：他们的方案都没我的好，我不该被轻视，我应该生气，发怒，但我又必须维护自己友善的形象。需要注意的是，冲突的两种倾向都带有强迫性，他知道他不该自视甚高，也知道自己过度依赖他人的肯定，但却无法主动做出任何改变。想要改变患者，我们需要进行大量的心理分析。事实上，他被两种冲突的力量夹在中间，这两种力量都来自他内心最迫切的需求，但这些需求并不是他真正需要的，也不是他能控制的。他不由自主被这两种相反的力量所驱使，既不愿意成为一个愤怒的人，也不愿意成为一个屈服的人，他对这两种人都很鄙视。工程师的例子，可以帮我们了解什么叫作神经症——对神经症患者而言，没有任何选择是可行的。

还有一个类似的例子：有一位自由设计师，从好朋友处偷了几笔钱。他本不必这么做，因为他即便需要钱，也大可以向他的朋友直接去借，这位朋友曾经不止一次援助过他。他的行为让人感到意外，因为这位设计师给人的印象是正直体面，还有很多朋友。

这个故事中隐藏的深层冲突是：他希望别人喜欢他、帮助他，同时，他又有一种潜意识的自大和自傲，不需要别人的帮助，如果自己向朋友借钱，对他来说，是一种耻辱。所以，他宁愿去偷，也不愿意去借。相比起工程师的例子，设计师的冲突在内容上并不同，但其本质都是一样的。任何神经症的冲突，患者很难只靠自己解决，因为，一切驱动神经症冲突的力量，都是无意识的，强迫性的，不兼容的。

正常人的冲突和神经症患者的冲突，最主要的区别有两点：

一是正常人虽然也会有冲突的两面，但对立程度要远远小于神经症患者。这是划分正常人和神经症患者的一条明确分界线。正常人会在统一的人格框架内做出选择，不管选哪一种，都是可行的。用几何学来说，正常人的冲突的两种倾向，之间会形成一个锐角，最多是个直角，而神经症患者的这个角度，则能达到180°的对立。

二是两者对冲突的觉知。索伦·克尔凯郭尔说："真实生活是多样的，无法用概念来描述，比如能觉知到的绝望和不能觉知到的绝望，绝不是一回事情。"换一句话说，正常人内心的冲突，是可以被觉知到的，而神经症患者的冲突，总是难以被察觉到。正常人即使没有意识到自己的冲突，只要稍微点拨，就能感知其存在；而对神经症患者来说，因为他们冲突的源头被人为压抑住了，所以只有先克服巨大的阻力，才能将其挖掘出来。

正常的冲突，是在两种可能性之间做出选择，这两种选项都是他想要的，也可以是在两种信念之间做出选择，这两种信念都是他非常珍视的。因此，虽然做出选择有些困难，但终究是可以做到的。而严重的神经症患者，则无法自由选择，他被两种方向相反、却力度相当的力量拉扯。这两个选项，哪个都不是他想要的，因此，他无法选择，只能卡在原地。想要解决这个问题，只有对神经症倾向做出妥善处理，改变自己与自己、自己与他人的关系，让自己彻底摆脱这些倾向的禁锢。

以上这些因素，为我们解答了这个问题：为什么神经症冲突会这么激烈？因为这些冲突难以辨识，令人绝望，破坏性极强，让人有充分的理由恐惧。我们必须认识并牢记这些特点，只有这样，才能了解神经症患者为解决冲突所做的挣扎。而挣扎的过程，正是一位神经症患者作茧自缚，越陷越深的过程，这就是神经症患者冲突的主要构成。

第二章　基本冲突

人们能想到的是，冲突会在神经症中鼓噪、激荡，而不能想到的是，其破坏力竟然如此之大。对于神经症患者来说，看见自身的冲突并不是件容易的事，因为这些冲突基本都处于无意识中，所以，要让它们浮出水面，难上加难。既然如此，我们又是抓到了哪些线索，才让冲突原形毕露呢？

在第一章里，我们举过了工程师和自由设计师的例子，其中有两条明显的线索，可以证明冲突的存在。第一个案例中，线索表现为由冲突所导致的疲惫和焦躁，第二个案例中，线索则表现为偷窃。事实上，每一种神经症症状，都是冲突直接或间接作用的产物，都能表明有冲突存在其中。人们产生出的焦虑、压抑、纠结、迟钝、孤独等，都是尚未解决的冲突所造成的影响。梳理它们的因果关系，虽然并不能揭示其根源，却已经能让我们将注意力从现象转移到了本质层面。

而第二个表明冲突的线索，是不一致性。比如在第一个例子里，工程师明确知道表决程序不合理，对他造成了不公，但是他却没有提出异议；在第二个例子里，自由设计师很重视友情，但却向朋友伸出了贼手。这种明显的不一致性，即使是没有经验的观察者也能看出，但患者本人却是发现不了的。

正如体温升高是生病的标志，不一致性也一定证明有冲突存在。我能随时举出很多不一致性的例子，并且都很常见：一个恨嫁的姑娘，却无法接受男人的示爱；一位溺爱孩子的母亲，却经常忘了孩子的生日；一个对自己吝啬的人，却总对别人表现得很大方；一个渴望独处的人，独处时又感到害怕；一个对自己苛刻至极的人，却对别人无限包容。

症状无法帮我们分析出冲突的本质，不一致性却能做到。比如，一次重度抑郁的发作，说明患者正处于进退两难的境地；而如果是一位对孩子尽心尽力的母亲，却偏偏总是忘记孩子生日，我们完全可以说，这位母亲关注的并不是孩子本身，而是如何树立起一个模范母亲的形象。再进一步，我们能尝试分析出冲突的双方是什么，一面是她想要成为模范母亲的理想，一面是她无意识的虐待倾向——她要让孩子品尝一下失望的滋味（因为"做个完美母亲"并不是她内心的真实想法）。

虽然我一直强调"神经症冲突是无意识的"，但有时候，它们又确实会显露出来，被意识体验到。这两种理论似乎是矛盾的，但其实，那些浮现出的冲突，不过是真实冲突变形或扭曲后的样子＊。所以，当一个人发现自己无论怎么逃避也必须做出选择时，很可能已经陷入了一种有意识的冲突。他无法决定到底要不要结婚？到底要跟谁结婚？到底要选哪一份工作？到底要不要和合作伙伴继续下去？他在思考中经受着巨大煎熬，辗转于不同选项，失去抉择能力。人们为此苦恼时，或许会寻求心理治疗师的帮助，但如果只指望治疗师的话，难免会失望。因为此时的冲突，已经是内心冲突在碰撞摩擦后的最终爆发，如果不能一路探寻下去，抽丝剥茧，找到深藏于心中的冲突，必然无法彻底解决问题。

患者内心的冲突，有可能被外化，并且被患者视为自己和环境之间的格格不入。如果患者能发现，自己面对自我意愿时，总是有莫名地恐惧和压抑，那么就表示，他可能察觉到了自己内心的冲突，其实是由更深层次的原因造成的。

━━━━━━━━

　　＊　译者注：比如有些人怕蚂蚁、怕小狗、怕蜘蛛、怕壁虎、怕坐飞机等，这些"疯狂的恐惧"，其实都是儿时害怕被抛弃的恐惧变形和被扭曲的表现。

对一个人的了解越是充分，对于他身上导致神经症症状、不一致性和表面冲突的矛盾因素，就越容易发现。但必须说明的是，这样一来，我们看到的矛盾种类和数量都会增加，人们会更难看清全局。因此，人们迫切需要知道，在所有看似不同的冲突下，是不是有一个共同的冲突根源，即基本冲突。试想在一段不融洽的婚姻中，因为孩子、金钱、用餐时间、家政人员等导致的争执不断，看似互不相关，但其实都发源于这段关系深处的不和谐，这就像枝杈与树根的关系。

早年间人们就坚信，人格中是存在基本冲突的，这种观点在宗教和哲学中都发挥着重要作用。光明与黑暗，天使与魔鬼，善良与邪恶，这些对立的存在，充分印证了这个观点。在现代心理学中，弗洛伊德在此领域也做出了开拓性的研究。他的第一个假设就是：基本冲突，其中一方是对满足感的内在贪婪，另一方则是危机四伏的外部环境，包括家庭和社会等。从儿时开始，险恶的环境就已经被内化进了人格，从此以后，它就只能以可怕的超我形式出现。

这是个非常重要的假设，但在这里，却不适合展开过于严肃的讨论，因为那意味着，必须要把所有反对"力比多"理论的观点都详细论述一遍。与其如此，我们倒不如先将弗洛伊德．

的理论放在一边，直接去了解概念本身的意义。这样的话，争论就只集中在这一点了：产生各种冲突的根源，就是最原始的利己驱动力和出于良知的自我约束力之间的对立。在下文中你会看到，这与我头脑中的概念是大致相同的，这一理论在神经症的组成结构中，地位举足轻重，但对于它的基本属性，我却保留自己的观点。我认为，这种冲突确实是一种主要冲突，但是在神经症的发展过程中，它却只能充当次要原因，是一些必然性根源的衍生。

我会在后面详细阐述我的观点，但在此，我要先说明一点：欲望与恐惧之间的冲突，不足以解释神经症患者内心为何如此分裂，也无法解释神经症导致的后果为何如此严重，以至毁掉一个人的生活。弗洛伊德假设的这种精神状态，暗示着神经症患者是有能力为了某个目的而拼尽全力的，只不过他的拼搏被恐惧阻碍住了。但在我看来，神经症患者之所以产生冲突，核心原因就是因为其想法分裂，并且对立，所以丧失了全神贯注于某件事的能力。这种状况，可要比弗洛伊德设想的严重很多。

尽管与弗洛伊德相比，我认为基本冲突的破坏性更大，但在问题最终的可解决性上，我比他要乐观。弗洛伊德认为，基本冲突是普遍存在的原则，是无法解决的，我们唯一能做的，要么是更多地妥协，要么是更强地控制。但我却觉得，神经症的基本冲突未必就会最先爆发，即使真的爆发了，也是很有可能得到解决的，只要患者愿意经历过程中的艰苦。所以，我和弗洛伊德观点间的差别，并不是乐观与悲观的差别，而是我们发起讨论的前提原本就不一样，因而得到的结果自然并不相同。

弗洛伊德后来关于基本冲突的解答，从哲学层面上很吸引人。但是，即便不提他思路中的各种暗示，只说他关于生本能与死本能的理论，其本质上也是一种冲突——人类的建设性力量与毁灭性力量之间的冲突。但比起将这两者放入冲突中讨论，弗洛伊德对这两种力量的融合更感兴趣。比如，在他看来，性本能和破坏本能的聚合，为虐待和受虐冲动做出了最好的解释。

要想把我的观点运用于对冲突的研究，必须要引入道德价值的概念。而弗洛伊德则认为，道德价值和科学应该分属于不同领域，也正因此，他所构建的心理学，是一种剔除了道德价值的心理学。也正是因为他只愿朝着"忠于科学（自然科学）"的方向努力，导致其理论以及在此基础上的治疗方法，只能局限在一个狭小的范围内。更具体地讲，尽管他已经在神经症冲突领域做了大量工作，他还是没能发现冲突在神经症中真正发挥着怎样的作用。

对于人性的对立倾向，荣格相当重视。他惊讶于个体身上存在的诸多矛盾，并总结出：所有元素，都必定与其对立面同时存在，这是一条普遍规律。表面的柔弱，对应内心的强大；明显的外向，匹配隐藏的内向；外在或许偏向理性，内心却很可能偏向感性。荣格似乎把冲突视为了神经症的一项基本特征。不过，他还认为，这些对立面之间并不冲突，而是互补的，因此我们的目标是接纳这种对立，让自己越来越完整。荣格认为，只有那些过度片面发展的人，才会被搁浅在困境中，进而成为神经症患者。他把这些概念整理后，提出了"互补法则"。在一个完整的人格系统中，对立倾向之间确实包含了互补的元素，缺一不可，这一点我到现在也很赞同。然而我还认为，荣格所说的"互补"，指的可能是神经症冲突的外在表现。两种对立力量势均力敌，恰好证明了神经症患者为解决问题做出过努力。举例来说，如果我们将内向、孤僻的倾向，看作是种天生倾向，是本性已定，并且不断被经验强化，与个人的感受、想法或想象有关，而与他人无关，那么，荣格的分析就是对的。这种情况下，有效的心理治疗程序是：先告诉患者，他有隐藏起来的"外向"倾向，然后，告诉他如果只偏向一种倾向是十分危险的，最后，鼓励他接纳两种倾向，并且活出两种倾向的特点。但是，如果我们可以把患者的内向（我更愿意称之为神经症的孤独倾向）看作是他疏远他人，避免冲突的方式，那么，我们首先要做的，不该是鼓励他变得外向，而是要把他隐藏的冲突分析给他听。只有先解决了这些冲突，才能越来越靠近目标——自我完整。

进一步来讲，我从神经症患者对待他人的矛盾态度中，看到了基本冲突的存在。在详细剖析之前，我们先来回忆一下《化身博士》的故事。作者描述了一个非常矛盾的人物形象：主人公海德先生既是一个热情、善良、充满同情心、乐于助人的人，又是一个冷血、残暴、以自己为中心的人。这就是典型的神经症分裂症状，虽然，并不是所有神经症的分裂都会如此极端，然而相同的是，患者对待他人的态度，总是能表现出最基本的冲突。

在一个充满敌意的世界中，儿童会有一种孤独和无助的感觉，我把这种感觉叫作"基本焦虑"。孩子的这种不安全感来自外界环境中的不利因素，比如：直接或间接的强势管教；冷漠或喜怒无常的态度；漠视孩子的个体需求；缺少真正的引导；言行轻蔑；对孩子过度赞扬或毫无赞扬；缺少可依赖的温暖的感觉；父母发生争执，逼着孩子支持其中一方；责任感太强或太弱；过度保护；不让孩子与其他孩子接触；不公；侮辱；言而无信；敌对的氛围等。

在这里，我唯一要提醒家长们注意的是：孩子们很擅长捕捉隐藏在环境中的伪善。孩子可能会觉得父母的爱都是装出来的，可能会对父母所宣扬的爱心、诚实和慷慨产生质疑。这时孩子感受到的，有一部分确实是因为父母的伪善，但另外一些，是孩子们在感受到父母行为中的矛盾时，所做出的下意识反应。但是，各种因素总是缠绕在一起，有些藏而不露，有些显而易见，所以，在分析时，我们只能逐渐地发现这些因素对孩子成长所造成的影响。

这些情形令人不安，孩子深受其扰，然而，为了在危机四伏的环境中生存下去，他们会摸索着用自己的方法面对世界。即使他很脆弱，也很害怕，他仍会在无意识中打磨着自己的技能，以面对周遭会遇到的各种外力。这种情况下，孩子不仅发展出了临时的应对策略，还形成了长期的性格倾向，最后，成为其人格中的一部分。我将这些倾向，称为"神经症倾向"。

想弄清楚冲突形成的过程，就必须全面观察孩子们在这些情况下，可能采取，或者实际采取的各种行动，不过，将太多的注意力单纯地用在观察个体的趋势上，是没有半点用处的。关于行动的一些细节，我们可能暂时无法了解，但是却可以看清孩子们为了应对外界环境而采取的态度。最开始，我们可能看不清全局，觉得比较混乱，但随着时间的推移，孩子们会出现三种主要的倾向：讨好他人、对抗他人、疏远他人。

孩子们讨好他人时，实际上已经承认了自己的无助感。正是因为感到孤独和害怕，他们才会尽力去赢得别人的喜爱，并以此找到依靠和依赖。只有这样的相处，才会让他们觉得安全。如果是家人间出现争执，他们会依附于最强大的一方，这种依附让他获得了归属感和被支持感，使他感觉自己不再那么弱小。

当孩子们捕捉到了周围环境中的敌意，并认为会威胁到自己时，就一定会有意识或无意识地决定反抗。他们会暗暗地对别人的情感和目的产生怀疑，并且会以自己能想到的方式展开反抗。他们希望自己不断变得更强大，以打败这些人，这不仅是为了自保，也是为了报复。

孩子们疏远他人时，既不想讨好，也不想对抗，只想保持一定距离。他们觉得自己和别人的共同点太少，别人没办法理解自己。于是，他们会用书、玩具、梦想和大自然，构筑起一个自己的世界。

孤立无助，充满敌意和隔离孤独，这三种倾向都是由焦虑引发的。事实上，孩子不可能被完全地归入某一类倾向之中，因为在孩子成长的过程中，所有的这些倾向都会出现。我们在全面观察孩子的时候，看到的其实是最终占了上风的那种。当我们观察已经发展完全的神经症时，以上情形就更加明显了。我们都曾见过这样的成年人，在他身上可以明显看到三种倾向中的某一种，但与此同时，其他两种倾向也在蠢蠢欲动。于是，我们可能会看到，一个讨好倾向占上风的人，但他的身上，依然会透露出想要对抗的倾向，和想要疏远他人的倾向；一个对抗倾向占上风的人，会和身边的一切刻意拉开距离，但仍然会在某些时刻表现出讨好他人的愿望；一个疏离人群的人，心中也会渴求友爱，但同样也会迸发敌意。

尽管如此，人们最终会采取什么样的行动，还是要看占主导的倾向是哪种。这也代表了人们在面对他人时，最自然而然的方式。一个有疏远倾向的人，会无意识地用尽方法和人保持安全距离，因为在任何需要讨好关系中，他都会感到不知所措。通常情况下，一个人在意识层面最能接受的那种倾向，会起到主导作用。

但是，这并不等于说，另外那些不占主导的倾向就毫无影响力。我们并不能断言，一个表现得俯首帖耳的人，其内心对于主宰的渴望，一定弱于对友爱的需要，只不过他表达这种攻击性的冲动时，不会那么直接。很多案例中，一个人占主导地位的倾向常常被反转，这说明这些被隐藏起来的次要倾向，可能具有非常强大的能量。我们不仅可以在童年时期能看到这种反转，在成长的过程中也能看到。英国作家毛姆的《月亮和六便士》中的斯特里克兰德就是典型的例子 *。女性身上也会出现这样的反转：一个叛逆不羁、雄心壮志的假小子，却会在恋爱后放弃所有的宏伟大计，转而成为顺从的淑女。再或者，一个原本远离人群的人，却会在遭到重创后，变得病态般地讨好他人。

我们有必要在这里停留一下，探讨这些变化，对于以下问题的启示：成年后的经历，还有没有意义？我们是不是在童年时期就已经成型，再也不能改变？当我们能以冲突的视角来看

　　★ 译者注：斯特里克兰德最初循规蹈矩，日子过得安稳踏实，后来却走向了自己的反面，变得放荡不羁，极具攻击性。

待神经症的发展时，也就能对这些问题做出比以往更恰当的解答。比如我们可以假设：如果童年时期没有受到过分严苛的管教，那么后来的成长经历，特别是青春期的经历，仍然可以塑造他的性格。然而，如果童年时期就已经被塑造出了刻板的习惯，那么以后的经历也就难以扭转乾坤。之所以改变很难，一方面原因是他已经思维僵硬，阻碍了他接受新的体验，比如，他可能有着严重的疏远倾向，导致人们无法和他接近，或者是讨好倾向已经在他大脑里生了根，让他习惯了被人支配与利用。而另一方面的原因，则是人们总是爱用旧眼光去审视新事物，比如抱有对抗倾向的人，总会认为那些对他表现出友好的人，要么是笨蛋，要么是另有企图，这种体验还会让他不断强化固有的思维模式。当一个神经症患者真的转变了倾向时，表面看起来，好像他的成长经历确实带来了性格上的改变，但这种转变并不如看起来那么美好，实际上是迫于内外的双重压力，使他不得不放弃之前占主导地位的倾向，而走向了另一个极端。然而，如果一开始就不存在冲突，这种转变也就不会发生了。

对正常人来说，三种倾向并不会互相排斥。正如一个人在不同的情形下可以选择低头，可以选择战斗，也可以选择逃避。三种倾向互为补充，组成和谐的一体。如果某一种倾向占据了主导，那么就意味着三种倾向发育不均衡，某一方面过了头。

然而，在神经症患者身上，这些倾向之间却水火不容，这种现象的出现有几种原因。神经症患者的内心是缺乏弹性的，他们被驱使着，要么讨好，要么对抗，要么疏远，不管这种反应合不合时宜。如果他做出了在此之外的举动，则会让自己惊慌失措。所以，当三种倾向同时出现，且程度强烈时，他必然会被卷入一场严重的冲突。

就像恶性肿瘤会扩散到整个器官组织一样，三种倾向并不只作用在神经症患者的人际关系中，还会波及整个人格系统，这是导致冲突范围严重扩大的另一个因素。最后的结果就是，这三种倾向不仅使他的人际关系受到影响，还殃及了他看待自己、看待生命的方式。如果我们没能充分意识到这三种倾向带来的"一损俱损"的局面，就会轻易把所造成的冲突，简化为对立的词汇：如爱与恨，服从与反抗，屈服与掌控，等等。过度简化往往会产生误导，就好像我们在区分法西斯主义与民主制时，如果仅从一些对立的表象，如对待宗教与权力的不同方式进行判断，那么即使在表面上确实存在不同，也会使我们一叶障目，忽略掉它们从本质上就是两个截然不同的世界，代表着两种完全相反的生命哲学，彼此完全不兼容。以点概面的话，是很难看到这一层次的。

冲突源于我们与他人的关系，最终会影响到我们全部的人格，这是必然的。人际关系非常重要，塑造何种性格，树立起怎样的人生目标，奉行什么样的价值观，都与人际关系密不可分，而这些也会反过来影响人际关系，可以说，它们之间的作用是相辅相成的。

在我的观点中，因为三种倾向无法兼容而引发的冲突，构成了神经症的核心，因此被称为"基本冲突"。这里之所以用了"核心"这个词，不仅是因为"核心"能引申出"重要"的含义，还想表明它是神经症的中心，神经症正是从这里发散开来。这个论点是我关于神经症新理论的关键，该理论的意义将在下文中具体论述。广而言之，这个理论可以视为对我早期理论的扩充，即：各类神经症均为人际关系失常的表现。

第三章　讨好他人

　　基本冲突，是不会轻易暴露出来的。原因在于基本冲突是具有破坏力的，神经症患者出于防备，会在基本冲突的周围布下防线，将基本冲突随之深埋，无法显现出它纯粹的形式。结果就是，留在表面上的不再是冲突本身，而是为解决冲突而做出的各种挣扎。在这种情况下，仅靠对病史追根溯源，是很难揭示出基本冲突的内涵和差别的，就算能得到些结果，也必然是无关痛痒且含义不明的。

　　对于前面章节涉及的一些问题，我要在这里做出进一步的论述，将其填补丰满。想要理解基本冲突的特征，先要分别研究清楚所有对立的因素。而研究的对象，必须是某组对立特征中的一方占主导的人，这意味着，他对于此种特征所代表的自己，十分认同。简单说，这样的对象可以分为三大类型：服从型、攻击型、隔离型。在每一个案例中，我会将研究的焦点，放在他们更容易接受的特征上，至于那些被掩盖起来的冲突，就尽可能不做过多考虑了。在每种类型中，我们都会发现，对待别人的基本态度，可以引发或助长人们身上的某些特征，比如需求、品质、敏感性、压抑感、焦虑感以及特殊的价值观。

也许这种做法存在着不可避免的弊端，但益处也很明显。首先，我们对某类神经症的研究，必须在能够凸显其结构与功能的情况才能进行。其次，从本质上来看，这三种类型有着明显的特征。不妨再拿民主制度和法西斯主义做个例子吧，它们是两种完全不同的意识形态，有着本质区别。如果想了解这种区别，我们可以先去研究一下什么叫作法西斯，然后再去研究一下典型的民主主义是什么样的。在一开始的时候，我们不要把目标锁定在那些既推崇民主、又时不时偷偷喜欢法西斯主义的人，只有先充分了解了两者明显的特征，才能更好帮助那些力图在两者间左右摇摆的人。

我们先来说说第一种类型：服从型＊。这类人具有"讨好他

＊ 译者注：服从型，也就是之前所说的讨好型人格，他们生命的底色是对父母的怕。在童年时，由于生活环境的影响，他们担心被抛弃，因而拼命压抑自己，讨好父母。长大成人后，总是对别人笑脸相迎，看别人的眼色行事。

人"的一切特点，强烈渴望别人喜欢他，认可他。他最需要的，就是一位"能够被他依附，全权替他判断对错，还能满足他所有期待"的伙伴，至于这位伙伴的身份是什么并不重要，可以是爱人，丈夫，也可以是朋友。他的这些需求和对方自身的价值无关，也和对方对他的真实感受无关，很符合神经症的共同特征：强制性，盲目性，一旦受挫又会感到焦虑和沮丧。无论表达方式有多不同，这些需求的核心，都是对依附感和归属感的渴求。服从型人格之所以具有盲目性，是因为他只能看见自己和别人在兴趣和爱好上的共同点，而对于不同点则会采取选择性失明。这种对于别人的误会，并不是因为他自身无知、愚蠢，或缺乏观察力，而是来源于他神经症的强迫性需求。有一位女性描绘的一幅画面，正好能表现出这一点：她处于画面中央，如同婴儿般弱小又无助，而她身边全是奇怪又凶险的动物，一只巨大的蜜蜂绕着她飞，随时想发起攻击，一条狗也呲着牙想要咬它，还有一只想抓她的猫，和一只想用角顶她的牛。显然，这些动物各自代表什么并不重要，却反映出她最渴望的，是能从充满危险和攻击性的环境中获得温情。总之，这类人需要别人的喜欢、认可、思念和爱；需要别人的接受、欢迎、赞赏和依赖；需要别人的帮助、保护、关照和引导；并且，还需要别人也需要他、重视他，尤其是某个特别的人对他的需要和重视。

当心理治疗师明确指出这些需求具有强迫性时，他往往会矢口否认，辩解这些需求是多么合理自然。事实上，的确所有人都需要被人肯定、有人关照，都需要获得归属感。但总有些人因为曾经受到过虐待而丧失了真实的情感，人格完全扭曲。这些人始终处在焦虑不安的状态，对安全感有着永不满足的需求。他们表面上渴望获得赞美、喜欢和认同，疯狂地讨好别人，但背后隐藏的驱动力却是追逐安全感。

正因为他最迫切的需求是安全感，因而，他做的每一件事必然以此为目标，而在这个过程中，他塑造出了自己的生活态度和性格特征。在这些态度和特征之间，有一点很讨喜，那就是他可以敏锐地捕捉到来自别人且能被他理解的需求。比如，他或许对别人想要独处的意愿反应迟钝，却能及时发现对方在同情、扶助、赞赏上的渴求，并予以满足。他变成了一个过分热情，以及"无私"的人，能为别人牺牲自我，会忽略自己的感受，而优先去满足别人的需求。不过，除了一点，那就是他渴望别人的喜爱，永不满足。事实上，在这种人心中，他并不关心别人具体是什么样的，反正在他看来，那些人全都是自私而虚伪的，只不过，这个想法被他心中的服从性强行掩盖起来了。如果去描述无意识中发生的事，我可以这么说：他强行说服自己所有人都是好人，都是可以信赖并应该喜爱的。但是，这个错误带给他的，只有不断加重的不安和失望，以及更加严重的不安全感。

这类人会认为自己的服从型人格是弥足珍贵的，但事实并非如此，他们缺乏真情真意，只知道盲目地给予别人，讨好别人，同时强迫性地期待获得同等的回报。因此，他们总会因为没有获得回报而烦躁、焦虑和不安。

与盲目给予相似的，还有另一种品质，主要表现为：在感到别人有所不满，或者发现与别人出现竞争或分歧时，会迅速逃避。他会把闪光灯最照耀的位置让给别人，而把自己放在次要位置，听命于别人；他总是委曲求全，不记仇（这一点是有意为之）地安抚、调节别人的情绪。他拼命压抑住自己对于胜利与复仇的渴望，甚至会惊讶于自己怎么能如此轻易地妥协，无怨无悔。还有一点很重要，他总是不考虑自己的真实感受，而将错误大包大揽。换句话说，他不管自己是不是真的有错处，只要别人给予了批评和攻击，即便毫无道理，他都一定会先选择认错，自我检讨，而不问责他人。

这些态度，经过微妙的过程，进而演变成强烈的压抑。任何形式的主动攻击，都是这类人的禁忌，我们会发现他们处在"强烈压抑"的状态，包括压抑自己的果敢自信、雄心壮志。就算自己有想法，也不敢坚持；就算自己知道别人是错误的，也不敢指出来；就算明知道自己有表现的机会，也不敢去做。他们绝不会提出要求、命令别人、表现自己。他们的生活永远都是以别人为中心，而代价就是，主动牺牲掉自己的意愿、喜好、活力和主体感。发展到最后，他们会认为无论是一顿饭，还是一场电影、一首歌、一处美景，只要没别人共享，那就是毫无意义的。他们努力讨好别人，却无法取悦自己，不仅生活枯竭无趣，也变得越来越依赖别人。

服从型人格，除了会故意把前面提到的那些品质理想化之外，还有一些典型特征，其中之一就是，会产生自怨自怜的想法，总感觉自己"很弱小""很无助""很卑微""很可怜""很软弱"。当需要他们单独处理问题时，他们会觉得自己简直就是一条迷航的船，或是没了仙女帮忙的灰姑娘。这种无力感有一部分是真实存在的，因为，如果你总是假设自己没法抗争，那么久而久之，必然会真的变得软弱。但这类人是不会掩饰自己的无力感的，反而会坦白地对自己和他人承认，甚至可能在梦里都会强调这一点，甚至以此作为吸引别人、保护自己的手段："我是这么软弱无力，所以你的爱、保护和宽容都得是我的，你不能抛下我不管。"

从这类人总是甘居人后的倾向中，发展出的第二个特征就是理所应当地认为自己不如别人。他会觉得所有人都比他优秀，比他有魅力，比他聪明，比他素质高，比他有价值。这样的心态，甚至是有一些事实根据的，因为他缺乏自信、不够坚定，确实会削弱他的能力，所以即使他在自己擅长的领域做出了些成绩，也会将一切归功于别人——无论别人是功是过——都认为别人比自己强。面对气势逼人或自大傲慢的人时，他的自我价值感会越发萎缩；即使是自己一个人的时候，他也会把自己的品质、才华、能力和物质财富视为卑微。

这类人的第三个典型特征，也是他讨好别人的一个体现，就是他会有意识地用别人对他的态度，来定义自己的价值。只有别人夸奖他，他才会觉得有自尊；而如果别人厌恶他，他就会觉得异常受伤。别人的拒绝对他而言，已经不是简单的打击了，简直是致命的摧毁；而如果别人没能回报他的期待，即使他表面上能通情达理地表示接受，但是他独特的内心世界里的逻辑，却会让他的自尊心直接归零。换句话说，任何批评、拒绝或抛弃，都是令他惊惧不已的危险信号，所以为了逃避这些危险，他会做出最低声下气，甚至卑鄙可怜的努力，讨好对方，希望以此让那些给他造成威胁的人，能对他重新尊重。于是，当左脸挨了一耳光，他会迅速送上右脸，这并不是什么"受虐狂"，而是在他所拥有的内心世界中，他唯一能做的合乎逻辑的事。

由此，这类人形成了一套特别的价值观。而至于价值观是不是清晰并且牢固，则要取决于个人的成熟程度了。这套价值观里，会包含仁慈、善良、爱、慷慨、无私和谦卑等美德，而自我主义、野心勃勃、麻木冷漠、狂妄无礼、操纵权力等这些特质，是他们所深恶痛绝的，但也可能同时被他们偷偷欣赏着，因为它们充满了力量感。

以上这些，就是神经症"讨好他人"的倾向。这些倾向是成体系的思维、感受与行为，也就是说，是一种生活方式。所以，只用类似于"服从""讨好"或"依赖"这样一些术语来进行描述的话，显然不够，这一点相信你们都很清楚。

前面我说过，我不喜欢讨论相互矛盾的因素，但是，如果想知道这类人为何抱定自己的信念不放，就必须要明白，压抑对立的趋势，是如何最终加强了其主导趋势的。所以，我们必然不能只关注表现出来的一面，而忽视了它的反面。我们在分析服从型人格时，发现他们是在拼命压抑自己的攻击性。同时，还会发现，他们在面对别人时，会无意识地认为，自己一点也不关心对方，甚至嗤之以鼻，一心想要利用别人、操控别人，还会想着怎么超越别人，并对报复性的快感充满欲求。和这类人呈现出的过分关切对方的态度相反，他们身上这种被压抑的驱动力，从种类到强度都会有所不同，某种程度上来说，这种驱动力的产生，是他们对早年不幸经历的反应。例如，一个人可能5岁或8岁之前都很暴躁，之后逐渐变得顺从，这意味着他压抑了自己的攻击性，自剪羽翼。因为"自我抹杀"和"没原则的善良"会招致被欺辱和被利用，进一步说，讨好他人和依附他人，造成了服从型人格独特的脆弱性，他们越是讨好和依附他人，自己就越脆弱，而一旦没得到别人的认可和喜欢，他们就会感到自己被拒绝了，被忽视了，被羞辱了。

对于"压抑"这个词，弗洛伊德也曾做过解释，我这里所说的"压抑"驱动力、感觉和态度等，也是基于他的解释。根据他的观点，压抑确确实实存在，只是患者自己察觉不到，在潜意识中，他们生怕让别人甚至自己发现任何与压抑有关的线索，他们最大的愿望就是永远都不发现它们。所以，无论这类人掩盖的是何种压抑，我们都会产生这样的追问：是什么驱使他们这么做？服从型人格的案例会给我们提供一些答案，然而，其中的大部分，只有等我们在后面讨论了理想化形象与虐待倾向之后才能理解。不过，我们现在能理解到的是，压抑之后，缺乏真实的感受，他们就无法真正去爱别人，也无法被别人爱。不仅如此，他们会认为，任何形式的攻击性行为和坚持自我的主张，都是自私的，他会先自我谴责，然后认定别人也都在对自己进行着谴责。然而这种谴责是他负担不起、也承受不起的，因为他只有在别人的赞美中才能找到自尊，所以，别人的批评和指责，对他来说难以承受。

这类人压抑自己所有的自信、抱负、野心和冲动，还具有另一种功能，就是这种压抑，会成为神经症患者为摆脱冲突所做的尝试之一，能够创造出统一、整体、和谐的感觉。对于统一人格的渴望，并不是什么秘密，他们之所以执着于此，就是想通过压抑自己来摆脱冲突。第一，要想生活照样运转，就不能被两种相反方向的驱动力持续拉扯；第二，他们不喜欢分裂，对能导致分裂的事情，有着极度的恐惧。所以，他们会无意识地通过突出一种倾向，而将其他与之相矛盾的倾向消灭掉，以期实现对人格的重新塑造，这也是神经症患者解决冲突的一种主要方法。

于是，我们发现他们会疯狂地压抑自己的一切攻击企图，不希望自己的生活方式因此受到威胁，更不希望自己那貌似统一的人格遭到破坏。攻击性倾向越是具有破坏性，他们就越迫切地想要将其彻底清除。这种状态下，他们竭力抵抗，甚至会矫枉过正，他们不敢提任何要求，也不敢拒绝别人的任何要求，总是要表达善意和友好，永远屈居人后。换句话说，他们服从和讨好的倾向越是被强化，行为也就越盲目，越具有强迫性。

当然，这些无意识的企图，并不能真的消灭被压抑的冲动，这些冲动会以符合神经症特征的病态方式表达出来。比如，他们在向别人提出要求前，不会直截了当，而是会先表示自己有多悲惨，多可怜。他们在控制别人前，也会先偷偷向对方表达自己的爱。当然，随着被压抑的攻击性冲动不断积累，他们很可能会不同程度爆发出来，从容易生气到勃然大怒，都有可能。这样的爆发，虽然不符合人设的那种亲切温顺的画面，但对他们来说，却是完全正当的。事实上，这类人对他人的要求很过分，而且过于自我，但他自己却意识不到这一点，总感到别人对自己不公平、不厚道，并为此愤愤不平。最后，被压抑的攻击性，若是遇上了一丁点盲目的、愤怒的火苗，就可能引起各种身体上的不适，比如头疼或者肠胃失调。

服从型人格大部分特征，都具有双重动机。当他们自我贬低时，是为了避免摩擦，与他人和谐相处；但也可能还存在着另一种相反的动机，即他们想要利用别人，故意隐藏自己，不想让别人看穿他们的目的。想要克服神经症的服从性，我们必须看到冲突的两个方面，并且按照适当的顺序去解决。在一些老派保守的精神分析刊物上，时常会看到这样的观点：把攻击性倾向加以释放，就是精神分析的本质。这样的观点，只能说明作者对神经症结构的复杂性和多样性缺乏了解，即使是对单一类型的神经症，这种观点的有效性也是有限的。患者确实需要释放攻击性的驱动力，但如果想不伤害到自己，就不能把"释放"作为最终目的。我们必须继续研究冲突并将之疏通，才能让患者的人格实现完整。

此外，爱情和性对于服从型人格的作用，也是不能忽略的。在一些人眼中，爱情就是唯一，是生命的全部，没有爱情的生活单调、无聊、空虚而又寂寞。借用弗里茨·威特尔对强迫性追求的解释，就是：爱情是可以追逐的幻影，其他一切皆不重要。他们会认为，无论是人、工作，还是任何形式的娱乐或兴趣爱好，或是自然山川，如果没有一段爱情关系来增添风味，这一切都毫无意义。在文明社会中，我们在女性身上看到的这种需求比男性更频繁、更明显，导致我们总以为只有女人才会这么痴迷于爱情，而实际上，这与性别无关，而是一种神经症的表现，它的内在是一股非理性的强迫性驱动力。

　　如果我们懂得服从型人格的结构，就能明白为什么他们会把爱情看得如此重要，以及为什么会有"看似不合常理，但却挺有道理"的感受。鉴于他们矛盾的、强迫性的倾向，爱情是唯一能满足他们所有神经症需求的事物。他们既能从爱情中获得别人的喜爱，也能通过爱支配别人；既能躲在别人身后，也能依仗伴侣完全的尊重，站在别人身前；他们能在这个过程中活出自己的攻击性驱动力，不再压抑，因为爱情，他们的攻击性找到了一个合情合理、甚至高尚的发泄理由，还能借此将自己身上的美好特质彰显出来，获得别人的喜爱。很多人把爱情当成治疗一切苦痛的良药，认为再坏的事，也会随着一段爱情的到来而变好，会这么想的人，显然并不知道内心冲突才是人们无力和痛苦的来源。我们很容易就能说，这种希望简直就是荒谬，但同时，对于他们无意识的论证逻辑，我们也必须理解。他们认为："我弱小又无助，只要我独自活在这个危险的世界上，就会遭遇孤立无援的危险。但如果我能找一个人，他爱我胜过一切，我就不用再费力维护自己，因为不用我解释或要求，他就能把我想要的都给我。我也不会再觉得危险了，因为他会保护我不受外界的伤害，还能理解我，满足我的要求，事实上，我的弱点都会成为闪光点，因为他会爱我的无助，我也能依靠他的力量。所以，虽然我不是个主动的人，但只要是为他，或者是他期待我去做的事，我就会义无反顾去做。"

他们会在对爱情的渴望中，重新构建自己的思维模式，搭建出一个层次分明的体系，这个体系包括他的感受、想法，但更多的还是无意识的行为。他们会这么想："我不能再单身下去了，这对我太残酷了。对于不能与人分享的事物，我享受不起来，不仅如此，我还感觉很迷茫、很焦虑。是的，我是可以在周末一个人去看场电影或看本书，但那太丢脸了，显得我好像被所有人抛弃了一样。所以，我必须安排好，不让自己在周末的晚上，或任何时间落单。只要找到一个爱我的人，我就能摆脱这种折磨了，我再也不会孤单一人，而现在显得无趣的事情，比如料理、工作和看风景，到时候也会变得有意义。"

他们还会这么想："在才华、天赋和个人魅力上，我都毫无自信，我会做的事完全不值一提，即使完成了，也是自己运气好，没有任何光荣的感觉。如果让我再做一次，很可能就完成不了。要是了解我的人，肯定会觉得我没用。但是如果有个人，他爱我本来的样子，对他来说我是最重要的，那么我就不是一无是处了。"爱情的诱惑如同海市蜃楼，难怪那么多人抓着一段爱情不放，却不肯从自己的内部来一番改变。

在这种情形下，性交除了生物性本能外，更有了一种证明力，证明自己被需求。服从型人格由于害怕被抛弃，所以，常常以性取代爱。他们会认为那是与对方亲密无间的唯一方式，而且还会过高地估计这件事的作用。

在审视服从型人格时，我们要避免两个误区：一个是将他们对爱情的执着当成很自然的事，另一个就是将之当成很变态的事。当我们不从极端的视角去看他们，就会发现，他们对于爱的追求，与他们自身的生活哲学是完全吻合的，也是无可指责的，然而，他们的错处在于出发点不正确，他们没有考虑内心的神经症冲突，准确说，是没有考虑自己的攻击性和破坏性，甚至把自己的神经症需求，当成是拥有了爱的能力。换言之，他们忽视了神经症冲突的存在，指望在不触及冲突的前提下，就能解决冲突带来的伤害性后果。这也正是他们努力摆脱冲突，最终却遭遇失败的原因。不过，如果他们有幸找到了一个既温情又有力量的伴侣，或者是找到了一个在神经症方面与自己形成互补的伴侣，那么他们的痛苦可能会真的减轻，甚至找到程度恰当的幸福，但这也只是暂时的缓解，并没有让冲突得到解决。然而，即使是这样的缓解也只是个例，不是普遍状况，普遍的状况是，人们在盲目寻找天堂的过程中，却一脚踏入了地狱的深渊。更有可能的是，他们带着内心的冲突走进这段关系，并最终毁灭了它。除非结束这段关系，不然必如饮鸩止渴，带来更大的痛苦，并阻碍自己走上健康之路。

第四章　对抗他人

　　基本冲突的第二种倾向是"对抗他人"，当这种倾向占主导之后，会形成"攻击型人格"。

　　先来回顾一下服从型人格的一个主要特征：坚信人人都是善的，却又因此不断遭受打击。按照这种表述方式，我们也能总结攻击型人格的一个主要特征：坚信人人都是恶的，并且绝不承认事实不是如此。在这类人看来，生活就是一场战争，我们所做的一切，都是为了和别人争个你死我活。即使有少数例外，也是在不得已的情况下，才会对别人勉强地部分认同。这类人，有时会选择明确表态，但更多时候则会用礼貌、正直和友好来掩饰自己真实的态度，就像是权谋者为了达成目的而暂时让步，这是虚伪、真实和神经症需求掺杂出来的产物。这类神经症患者，真心希望别人认为他是个好人，尤其当他处于支配地位的时候。也可能，他的欲望来自于神经症对于赞扬和爱的渴求，而渴求的目的，却是为了能最终击败别人。服从型的人不会给自己设定这样的"装饰"，因为他们的价值观是约定俗成的传统美德，而不仅仅是"外表"。

与服从型人格一样，攻击型人格的需求，同样是不由自主的，强迫性的，而这一切都是由焦虑所引发。但我们必须强调一点：这种因恐惧而产生的焦虑，虽然在服从型人格身上的表现很明显，但在攻击型人格身上却表现得很隐蔽，外人很难察觉。在攻击型人看来，世道本就险恶，只不过有的明显，有的隐蔽，而有的会变得越来越凶险。

攻击型人格认为人生就是角斗场，只有强者才有资格活下来，就像是达尔文所说的一样：物竞天择，适者生存。在此基础上，他们产生出了强烈的攻击性需求。在他们的概念里，人生存下去的概率，虽然与文明程度有关，但个人因素永远是第一位的。由此，控制别人成了他的一大需求，以至于衍生出无数控制的手段。有的直接用权力控制别人，有的用体贴关心别人的方式，或者施以好处，间接达到目的。攻击型人格更倾向于隐蔽地使用权力，使用的方法多种多样，因为只有这样，才能让他感觉"自己有解决和操控一切的智慧、远见、谋算和能力"。他们具体所采用的控制方法，是自身的天性与各种冲突倾向相结合的产物。例如，一个攻击型人天生喜欢独处，安静，由于他不喜欢亲密接触，所以，他就不会直接去控制别人，而是会通过间接的方法去获得想要的东西。而如果他想暗中发力，从背后操纵别人，那就要先学会利用别人，于是虐待倾向就变得必不可少。

与此同时，这类人为了获得优越感，会不择手段去追求成功、名誉以及他人的认可。这是个竞争残酷的社会，权力只属于那些拥有荣誉和成功的人，所以从某种意义上说，人们争取荣誉与成功，就是在谋取权力。他们希望通过自己的努力，获得比别人更高的地位，更多的赞扬和肯定，因为这些让他们感觉自己充满力量，尽管这力量只存在于主观上。无论是服从型人格还是攻击型人格，其重心都不在自己身上，而他们的区别，在于渴望获得别人肯定的方式有所不同。而这两种类型注定不会有所作为，因为只有不了解心理学的人，才会把荣誉与成功作为评判的标准，并且，才会对成功后依然有不安全感，依然有焦虑、抑郁和空虚，深感惊讶，百思不得其解。

攻击型人格靠利用别人、算计别人而让自己获益，这些都组成了他的攻击性。他们面对任何局面或关系时，想的只有：

"我能从中捞到什么好处？"不论涉及的是财富、名声还是其他方面的事情，他们都会忍不住如是盘算。而且，他们还会有意告诉自己：别人也都是这么想的，所以自己必须要比别人计划得更周密。他们的性格养成，正好是服从型的反面。他们看起来好像很坚毅、顽强，把所有的感情都视为多余而无用的东西，爱情也是如此。当然，他们并不是没爱过，也不是说一定就没有性生活和婚姻，而是说他们找配偶的时候，不仅配偶能让他们产生欲望，还必须能让自己的地位、经济和声誉都得到提升。他们不认为自己有关心别人的义务："我为什么要考虑这些，这是他们自己的事。"假如问他们一个伦理学上的老问题：一个木筏上有两个人，如果只能活下来一个，怎么办？他们会说，当然是自己活下来最重要，不这么做的人都是脑子有病，是伪君子。他们不会展示自己的恐惧，总是能掩藏自己的软肋。虽然他们怕盗贼，但却能强迫自己待在一间空房子里；虽然他们怕骑马，但是会一直坚持到自己不害怕了，才从马背上下来；虽然他们怕蛇，但也会若无其事地穿越有蛇出没的沼泽。

　　服从型的人会忍不住讨好别人，而攻击型的人却不惜一切地战胜别人。在与别人争执中，他们精神奕奕，甚至不惜用生命证明自己的正确。他们会在被人逼到绝境的时候，显示出能力卓越的一面，以此进行猛烈还击。与服从型不敢赢的心理不一样，攻击型的人绝对接受不了输，前者事事怪自己，后者事事赖别人，他们相同之处在于，都没有"过错感"。即使是服从型的人在自责时，也不是真的认为自己有错，只是出于习惯去自我谴责。同样，攻击型的人死不认错，并不是真的认为别人错了、自己对了，只是因为他们太需要自我肯定了，这是他们内心大军安营扎寨的基地。轻易承认错误，尤其是那种低级的错误，会让他们觉得自己很愚蠢，很软弱，这会瓦解他们的斗志和攻击性，是他们绝对不能容忍的。

攻击型人格秉承着强烈的现实主义态度，他们认为应该带着"与险恶世界抗争到底"的决心，时刻提防着别人的野心、欲望和无知，随时避免成为单纯的傻子，被别人算计，时刻不忘掂量对手，扫除障碍，直达目标。在竞争激烈的今天，社会上的攻击型人格层出不穷，却鲜少正直的人。服从型人格有严重的问题，而攻击型人格同样也有严重的问题。攻击型人格城府很深，工于心计，乐此不疲，他们把自己当成优秀的谋士，随时随地估算自己的利害得失，估算对手的实力，以及计划中可能出现的意外。

在完善自己的能力和智谋方面，他们一直没有停止过努力，他们要以此证明自己是强大而智慧的，也要证明所有人都尊重他们，敬仰他们。在工作中，他们很积极，也很认真，或许能做出一些成绩。然而，这种工作激情很可能只是他们表演出来的假象，实际上他们并不是真的热爱工作，也并不是真的能从中得到乐趣，他们只是为了工作而工作。这种做法，和他将自己的情感与生活互相剥离的做法如出一辙。这种情感的剥离和遏制，会产生两方面的效果：一方面，攻击型人工作起来不受自身情绪的影响，永远像马力十足的机器，不知疲倦；而努力工作所做出的成绩，又为其赢得了更多的权力和赞誉，这无疑是快速取得"成功"的权宜之计。与之相比，情感交流只会让自己分心，减少成功的概率。感情会让他们无法心意如铁地玩弄阴谋，会让他们放弃雄心壮志，转而投入艺术等兴趣爱好中，会让他们更想交朋友，而不是利用别人为自己捞好处。但另一方面，对于感情的压制，也会造成他们变得冷酷无情，内心缺乏激情，而激情的贫乏，必然会让他们丧失掉创造力。

虽然攻击型的人努力给人留下毫无压力的印象，而且能公然说出自己的愿望，命令别人，冲人发火，同时将自己保护得刀枪不入。但实际上，他们所受的压抑，一点也不比服从型的人少。他们的压抑很特殊，以至于常人都不会认为那叫压抑。但这并不是因为文化氛围造成的，而是他们在情感方面无法坦诚，他们的交友、恋爱、对别人的同情和对生活的享受，都贴着私欲的标签。他们甚至认为，没有私心的快乐简直是在浪费生命。

如果站在他们的角度来看，我们会发现攻击型人格对事物的看法似乎顺理成章。他们认为自己的内心是强大、真诚和现实的。按照他们的观点，内心强大表现在外就应该是冷酷无情；真诚就应该是不关心别人，因为他人即地狱，任何对别人的关心都是虚伪的；而所谓现实，就应该是为了追求自己的目标，什么都可以放弃。他们之所以认定自己真诚，还因为他们一眼就能看出别人的虚伪，很轻松就能揭穿别人的真面目。他们的价值观完全是建立在弱肉强食的基础之上，认为强权就是公理，软弱的人活该去死，人就都该做狼。

攻击型的人所排斥的，不仅是真正的善良和友好，还排斥这两者的变化体：服从和迎合。但这并不意味着他们就不会变通，当他们遇到一种确实友善而且很有影响力的人时，也会主动表示尊重，不过，他们这样做，并不是心悦诚服，只是因为担心如果自己不显示出尊重之情，会让自身的利益受到损害。他们顽固地认为，在人与人之间的竞争中，服从和迎合的态度都会成为阻碍。

他们为何如此嫌弃温情呢？他们对人与人之间的友爱和好感，为什么会感到恶心呢？他们又是因为什么，会看不起那些同情心泛滥的人？他们会因为自己不想看到乞丐的惨状，而将乞丐无情地赶出大门，而且还会破口大骂。实际上，对于他人的"温和"，他们的感受既复杂又矛盾。他们虽然瞧不起别人的"温和"，但同时这"温和"又强烈地吸引着他们。服从型人格压抑了自己的攻击性，所以会忍不住暗地里佩服别人的攻击行为，同样，攻击型人格压抑了自己的"温和"，所以也会情不自禁被服从型人格所吸引。也就是说，攻击型人格并不是心中没有"温和"，只不过与"温和"相比，他们的攻击性占据了主导地位。为了捍卫自己的攻击性，他们不敢表现出丝毫的"温和"。尼采曾就这种心理驱动力做出过生动的诠释，在他的"超人理论"中，超人认为任何形式的同情都是在出卖自己，都像敌人一样，或者像敌人的卧底，会瓦解自己坚强的内心。对攻击型的人来说，表现出"温和"的一面，不仅意味着要流露出温情和怜恤的情绪，同时还会表现出类似服从型人的需求、感情、准则和其他暗含的一切。还是拿乞丐为例，攻击型的人也会心生同情，想要伸出援手，但是这种想法会被另一个更加强烈的需求所打败，他们或许会想："瞧见了吗？如果我同情他们，我可能就会变得像他们一样。"所以，他们不仅拒绝施舍，还会出言讥讽，甚至辱骂对方。

为了让存在分歧的愿望都能够得到实现，服从型的人寄希望于爱，而攻击型的人寄希望于战胜他人。战胜他人，不仅让他们拥有了自我肯定的能力，还能让他们有超越别人的优越感。从表面上看，战胜他人似乎解决了内心的冲突，所以他们对这样的救命稻草通常都是紧抓不放，然而所谓解决，不过是场海市蜃楼。

服从型人格与攻击型人格，在内在逻辑上大致相同，所以这里我只简略地讲一下。对攻击型的人来说，任何同情，任何为当"好人"而自揽上身的义务，任何委曲求全，都是与他奉行的生活方式背道而驰，只会动摇自己的信念。由于在意识到或接触到另一种完全对立的倾向时，他不得不面对自己的基本冲突，这样一来，他设计好的虚假的统一就会因此遭到破坏，一切不能再顺理成章地进行，所以，为了避免这种情况发生，最后的结果是：他会极力压制对温和的渴望，而对攻击性的愿望就更加强烈，更加具有强迫性。

　　我们可以发现，这两种倾向代表两种相反类型的人格。一方喜欢，另一方必定讨厌。甲之蜜糖，正是乙之砒霜。一个强迫自己把所有人视为挚友，一个强迫自己把所有人视为仇敌；一个不惜一切避免对抗，另一个视对抗为自己的天性；一个心有恐惧，软弱无助，另一个将这类感觉斩草除根。一个总是指向慈爱友善，另一个却笃信弱肉强食才是人间正理。但自始至终，两者都没有选择的自由，他们只是不由自主地按照自己既定的套路处事，具有控制不住的强迫性，而且很难改变。

　　现在，我们在讨论了这两种类型后，发现了基本冲突所蕴含的内容，看到了冲突的两个方面各自占绝对主导的时候，会形成两种完全对立的人格类型。而我们现在的任务是，试想存在这样一个人：他身上这两种对立的态度和价值观势均力敌。很明显，这样一个人会同时被两种方向相反的力量无情撕扯，他根本无法承受这样的分裂。所以，实际上他会被割裂开来，使思维与活动都陷入瘫痪。他势必将其中某一方面的压力摒弃掉，结果就是，他不是落入第一种类型，就是陷入第二种类型。

　　用荣格的观点来分析这种情况，只发展某一倾向的做法，是不完善的。这个判断从形式上是正确的，但也只能停留于

此。由于荣格的观点是建立在对心理驱动力的误解上，所以其
内涵也就不可能正确。荣格从片面的观点出发，认为治疗师必
须帮助患者接纳自己的对立面。如果荣格想靠这一步骤，就让
他们保持自我统一，是不可能的。我们给出的答案则是：虽然
他们最终的目的是自我统一，但目前这一步骤能做到的，只能
是面对自己的冲突，结束他们对冲突的回避行为，而还不能从
内心真正接受。荣格没有考虑到，神经症趋势是不受患者主观
意识转移的，是强迫性的，不由自主的。"讨好别人"与"抗
拒别人"之间的差别，并非真像荣格所说的只是"女性气质"
与"男性气质"的差别，也并不简单地只是"弱"与"强"的
差别。事实上，我们所有的人都同时拥有服从和攻击这两种潜
在倾向，当一个人心中的两种倾向没有引发其内心剧烈挣扎
时，那他的人格，就已经达到了一种相对稳定健全的状态。但
是，如果两种倾向激烈交锋，并发展成了神经症，对我们的成
长显然有害无益。所以，单纯地让某种倾向的神经症患者接受
自己的对立倾向，如同将两件坏事加在一起，就变成一件好事
一样，显然不可能。同理，神经症患者内心两种相互冲突的倾
向，也是不可能按照这样的方式融为一体，并和谐相处。

第五章　疏远他人

　　基本冲突的第三种倾向，是对疏离的需求，人们由此萌生出独处的愿望，形成隔离型人格。什么是神经症的自我隔离呢？我们必须先弄清楚这一点，才能对这一需求进行研究。实际上，独处是每个人都需要的，即便是认真对待自己和生活的人，也会时不时冒出想要独处的念头。不过，强势的社会早已将我们淹没在群体之中，所以，对于独处的需求，几乎很难察觉。适当的独处有助于认识自我，历史上的各种哲学与宗教，都毫无例外地强调：偶尔独处，其实是一种积极的疏离，能促进个体日臻完善。人们对积极的独处心怀渴望，这绝不是神经症的体现。相反，积极的独处能激发内心的创造力。但是，神经症的独处并不是这样，它不是偶尔的独处，而是长期的隔离，尤其重要的是，在这种隔离中，他们从来不敢探究自己的内心深处，所以，也就不能激发出自己的潜能和创造力。事实上，他们之所以倾向于独处，是因为在与别人的关系中，出现了无法调和的矛盾，产生了不能容忍的紧张和焦虑，而独处则是他们的解药。

神经症的自我隔离，最明显的特征是，他们不想和任何人靠得太近，会极端地想和所有人保持距离。我们之所以能注意到这一点，是因为他们自己也会格外强调这一点。不过，从本质上来看，不只是隔离型人格，所有神经症都是一种隔离，由于他们在与别人相处时，并不是出于自己真实的感情和想法，而是把内心紧紧包裹起来，不仅与外界失去了联系，而且与真自我也失去了联系。虽然服从型人格，对于疏离十分恐惧，而对于依附他人有着强烈的渴求，这让他们不能忍受人与人之间存在距离，一旦发现自己的内心正在疏离别人，他们就会非常吃惊，并感到害怕，会加倍讨好、服从和依附他人，以此来掩盖内心的孤独，掩盖他们本身就是与人隔离的事实。所以，服从型人格虽然保持着亲近的人际关系，心却是孤独的。总之，无论是哪种类型的神经症，都是人际关系失调的标志，失调越严重，隔离的程度也就越深。

还有一个特征，常被误以为是隔离型人独有的，那就是对自我进行封闭。这一特征，其实应该算是所有神经症的共性。所谓自我封闭，就是对情感麻木，他们不清楚自己喜欢什么、排斥什么、渴望什么、恐惧什么、信任什么又憎恨什么。隔离型的人就像是遥控飞机，看似不受约束，实际上依然是为人所控，无法与自己建立联系。在民间传说中，有一种能让死人复生的巫术，死者可以变成能行动的僵尸，工作与生活看起来和活人无异，却没有真正的生命。自我封闭中的人，便如同这种僵尸。但也有例外存在，有些隔离型人的生活也算得上丰富多彩，正因为呈现出了多样性，我们就不能把自我封闭作为隔离型人的专有特征。隔离型人在疏远他人时，其实也拥有了一种能力，也是他们的共同特点，那就是让视角变得客观，能像观察一件艺术品一样去观察自己。可以说，他们以优秀"旁观者"的态度审视自己，同时，也可以审视出自己内心的冲突。一个很好的证明就是，他们对于自己梦境的解读能力，常常精准得让人吃惊。

有一点十分重要，那就是隔离型人始终希望在人际关系上能保持距离。说得更透彻一些，他们希望自己不因为爱、竞争、合作等任何关系，和别人建立起亲密的感情。他们画地为牢，给自己设置了一个结界，谁都无法进入。虽然在表面上，他们还是能和人正常相处，但是一旦有人想闯入结界，他们就会立刻焦躁不安。

他们所有的需求和品质，都是为了服务于"不参与"这个目的。最显著的一个表现就是，他们会特别重视自强自立、深谋远虑。上一章我们讲过，很多攻击型人也都能力卓越，但是这两者的内心动机是不一样的。对于攻击型人来说，出众的能力，是他们对抗世界、战胜他人的必备武器；而对隔离型人而言，出众的能力则是他们赖以生存的鲁滨孙小舟，他们必须什么都懂，什么都会，用智谋让自己既能独处，又能活下来。

隔离型人为了不依赖别人，实现完全的自给自足，很可能会有意无意地降低自身需求。想要知道他们为什么甘愿如此，我们必须先牢记住：他们心中有条隐藏起来的铁律——绝对不能和任何人或任何事关系太紧密，以防他们变成生活中的必需。一旦发现自己离不开谁，这条铁律就会遭到破坏。他们不希望其他人或事物对自己影响太大，他们可以快乐地享受，但这快乐的源头不可以是别人，否则他们宁可放弃快乐。他们偶尔也会去找朋友彻夜狂欢，也会兴致盎然，但他们的内心依然排斥社交。他们对于竞争、成功和繁衍后代，都尽量回避。他们为了不把大量时间和精力花在挣钱上，对于自己的饮食起居，全都会做出限制。他们对疾病十分恐惧，因为生病时他们难免会依靠别人的照顾，这对他们而言是种耻辱。从别人那里获得的信息，他们全都不信，只相信自己亲眼所见、亲耳所听的事。其实，这种态度如果不是发展到不可理喻的程度（比如在陌生的地方，依然不肯向人问路），对于重要的独立性格的形成，还是很有助益的。

隔离型人格有个特有的需求，他们对于个人隐私极具保护欲。他们就像是个住店的房客，房门上永远挂着"请勿打扰"。哪怕是报纸书刊，他们也会视为入侵者，任何涉及他个人生活的话题，都会让他们感到惊恐，恨不得自己可以隐身。一个隔离型人曾对我说，他45岁的时候，对于圣人的无所不知还心怀恨意。这和他童年在咬手指时，母亲告诉他，有人能穿过屋顶看到这一切时的感受一样糟糕。事实上，即使是生活中最无关痛痒的小事，这个隔离型人也绝口不提。

一个隔离型的人，一旦发现别人没有对他区别对待，往往会很恼怒，因为这等于否定了他的"独特"。现实生活中，他情愿工作、睡觉和三餐都是一个人，他和服从型人的对比十分鲜明，他害怕别人的打扰，所以不愿意和人分享自己的想法。他对于音乐、散步和与人交谈也会感到快乐，但往往是在事后独自回味时，而不是在事情进行中。

自强自立和保护隐私，都是为了满足他最强烈的需求——纯粹的独立。这类独立在他心中意义重大。这类独立是有价值的，因为无论他再无助，也不会沦为别人手中可摆布的机器。他绝对不会附和别人，又因为自视甚高，不会去参与任何竞争，这反倒帮助他树立起了正直无私的形象。然而，他的错误在于，他把独立当成了目标，而无视以下真相：独立的价值，在于独立最终能帮他实现些什么。而隔离型人的独立，不过是他疏远他人的表现之一，目的是我行我素，不受约束也不尽义务，这是种很消极的目的。

和其他类型的神经症一样，隔离型人对独立的需求同样是盲目的，强迫性的。凡是与约束和义务沾边的事情，他们都会表现出极端的敏感，他们的敏感有多严重，隔离的程度也就有多严重。对于约束而表现出的敏感，不同的人身上的体现也不尽相同，对有的人而言，服装、领带、腰带、鞋袜上的规定，都有可能变成压力；有的人身处隧道、矿井及所有视线会被遮挡的地方，都会有种被囚禁的恐慌，虽然这并不能对幽闭恐惧症做出完整诠释，但却可以成为其重要诱因。

在面临长期的契约时，比如签一份合同或协议，哪怕时间刚超过了一年，也会让他想要尽力逃避。要他结婚，那可就更难上加难了。在任何情况下，隔离型人都会把结婚当成一件危险的事，因为这代表他必须要被卷入一种亲密的关系中。于是总可以见到，有人在婚前惊慌失措。但如果，结婚对象能给他提供必要的保护，或者他相信结婚对象能够完全忍受自己，那他对结婚的排斥感也会降低一些。时间的流逝向来无情，这也会给隔离型人造成压迫感，为了维护对于时间上自由的渴望，他会找出各种理由，比如，让自己总是迟到五分钟。列车时刻表这类东西，也会对他构成威胁，隔离型人特别热衷这样的剧情：一个人从不关注时刻表，想几点去火车站，就几点去，即使赶不上火车也不在意，大不了再等下一趟。

　　一旦有人对隔离型人所做的事或做事的方式产生了期待，他就会心情烦躁，十分反感，根本不会去分辨这种期待是别人真实的意思，还只是自己的臆想。比如，他平日里也会送人礼物，但是因为不想被人期待，所以像圣诞节或者生日这样的重要日子，他可能倒会选择不送礼物。他无法忍受自己要按照人们默认的行为规则和价值观去行事，但为了不产生争执，他或许会保持表面的一团和气，然而内心里，对于人们约定俗成的那些东西却嗤之以鼻。如果有人给他劝告和建议，即使说的话正中下怀，他也会故意抗拒，因为他感觉自己被人控制了。他的反抗，都来自心中那有意无意的念头：要辜负别人的期许，让别人失望。

任何一种神经症，都对优越感有所需求。然而隔离型人的优越感，却强化了这种需求。我们说话的时候，时不时就会用到"象牙塔""绝世独立"这样的词，这就是隔离型与优越感紧密相关的证据。临床经验证明，只有能力强大、足智多谋或者有优越感的人，才能真正做到独立。然而，当隔离型人的优越感被破坏（有可能是因为遭遇了失败，也可能是内心冲突频繁），他便立刻独立不起来了，反而会希望被人温暖，被人照顾，这种波动的确会出现在其生活中。在他的青少年时期，通常会出现一些算不上亲密的朋友，但总的来说，他还是独立于人群之外的，这让他感到很放松。对于未来，他做过很多设想，对于事业也有过宏大的规划，然而当现实到来时，这些幻想就被打击成了碎片。中学时代，他的成绩或许还能待在榜单前面，而当大学时代开启，竞争激烈，他开始知难而退。

在两性关系上，隔离型人也很容易遭遇挫折。当他的年纪越来越大，会发现梦想并不容易成真，于是越来越不想疏远他人，他会想要拥有亲密的关系，希望体会爱情，甚至想结婚，这些想法是自然产生的。这时只要有人向他示爱，他就会答应。此时他如果来找治疗师进行分析的话，虽然其症状已经很明显了，然而却不是治疗的最佳时机，因为他希望从治疗师那得到的，是告诉他如何获得某种形式的爱。然而，当他感到自己又强大起来后，会发现自己还是最爱独处，这会让他感到松了一口气，为一切如常而高兴。而在别人眼中，则会觉得他是旧病复发了，他再次陷入了自我隔离，但此刻，他对于离群索居的渴望反倒是空前强烈，因为：一切都可以证明，我想要的就是孤独。这时候，才是治疗师出手的最佳时机。

隔离型人的优越感，也是有具体特征的。因为排斥竞争，他不喜欢以竞争来换取出众，相反，他认为自己根本不需要费力证明，别人也应该一眼就能看出他的高贵不凡，即使是被隐藏起来的优点，别人也应该可以捕捉得到，而不需要他主动展示。他很可能梦见自己正处于一处偏僻的藏宝地，而人们为了亲眼见识自己的风采，全都万里跋涉而来。正如优越感一样，梦境也是现实的反映，被藏起来的宝藏，象征了他用自己的结界，保护着自身的智慧和情感生活。

隔离型人的优越性还有另一种表现，他对于隔离的过于执着，会让他坚信自己是独一无二的。如果他将自己视为一棵树，那一定是一棵不愿受其他树木干扰，而长在山峰上的参天大树。服从型人总是这样猜测别人："他喜欢我吗？"攻击型人会想："对方能力很强吗？"而隔离型人最关心的则是："他会打搅我吗？会控制我吗？还是会让我一个人待着？"

隔离型人在人群中，会产生怎样的恐惧，易卜生在培尔·金特与纽扣铸造机的故事中，给出过生动的描述。尽管培尔·金特很害怕自己会被扔进熔炉，塑造成别的形状，但他依然认为，自己位于地狱里的那间屋子是最好的。他认定自己就像是精致的东方挂毯，匠心独具，图案和色彩也无人能及，且永远不会改变。他很骄傲自己能抵御住环境的影响，并决定以后也要继续下去。他将"不管外界如何变，我心永不变"当作一种神圣的准则来执行，已经达到了僵化的地步。他希望自己更纯粹一些，特点更鲜明一些，于是不断强化自己的特点，拼命拒绝外力的进入。就像是彼尔·金特挂在嘴边那句好笑的话："坚持你自己，就能万事大吉。"

隔离型人的感情生活和其他类型的人不一样，不存在固定的模式。他们之间的差别非常大，这是因为自我隔离的人，其追求都带着否定性。不像其他两种类型那样，是为了肯定的目的而追求，服从型的人会追求温暖、亲热与爱；对抗型的人需要追求生存、控制与成就。自我隔离型的人不允许别人施加影响，不允许别人介入，所以，他的情感取决于能不能在否定的前提下，存在并发展，只有很少情感才能符合这种要求。在感情生活方面，隔离型和前面两种类型的态度截然相反。不管是服从型还是攻击型，他们在感情生活方面都是很积极的，服从型渴望在感情中得到温暖、亲情和爱，而攻击型希望通过感情得以利用、控制别人，和收获成功；而隔离型人，对感情生活的态度是很消极的，因为他们讨厌因感情而导致的外人介入和影响。所以，隔离型人的情感生活怎么过，完全取决于他在消极的态度中，还残存了多少欲望。一般来说，这些欲望很难在消极态度的夹缝中求生。

总的来说，隔离型人会压抑自己的感情，甚至直接否认感情的存在。在这里，我想用一部未公开作品中的一段话，表明疏离倾向和隔离型的典型心态，作者是诗人安娜·玛利亚·阿密。

故事的主人公，在回忆自己的青春岁月时说："我清楚自己和父亲有着亲缘关系，也懂得我和偶像间的崇拜和影响，但我不知道感情是什么。感情不存在，人们很擅长骗人说自己有感情，就像他们说其他瞎话一样顺口。B 女士吃惊地问

　　我：'对于自我牺牲，你又如何解释？'对于她所提问题的合理性，我暗自吃惊，但我依然回答：'所谓自我牺牲，也是一个谎言，就算不是故意说谎，也是因为存在亲缘关系或者精神崇拜。'我那时候，正对单身生活渴望不已，我希望自己一辈子不结婚，希望自己变得强大、从容、独立。我要努力，要让自己变得更自由，我要自己活得清醒，而不是做梦。我不认为道德的存在有什么意义，我认为生存第一，根本不用去管是正义还是邪恶。我认为要求别人同情自己、帮助自己，才是真正的罪恶。我最该守护的圣地，是我的心，这座庙宇里正进行着奇怪的仪式，但只有里面的祭司和守护者，才知道到底发生了什么。"

　　隔离型人对于感情很排斥，包括爱与恨。在他看来，爱与恨会让人与人之间更亲近或产生冲突，所以，为了和人保持距离，必须排斥感情的存在。有个词用在这里很恰当，那就是来自沙利文的"距离效应"。隔离型人认为，除了人和人的感情，他们在其他领域的感情是不需要抑制的，比如他们对书籍、自然界、生物、艺术、美食都兴趣盎然。但这种设想很难实现，毕竟，对于一个有感情的人来说，要在不压抑一部分感情的情况下，同时去压抑另一部分感情——而且很可能是最主要的一部分感情——是很难的。以上推论，只是纯理论层面的推测，但下面所说的这些状况，却是现实中确实会发生的。隔离型的艺术家们，在其创作巅峰时期，是可以感受全部情感的，并能通过作品加以表达。然而，一旦追溯他们的青少年时期，会发现他们那时对感情通常是迟钝且排斥的。每一段破碎的亲密关系，都会让他们重启封闭状态，到后来，他们之所以会有意无意地疏远别人，就是想封闭自己，以便继续进入创作状态。最终，只有和别人保持足够的距离时，他们心中除了人际关系的那部分感情，才会被表达出来。这足以证明，人们早期的自我封闭经历，会直接导致后来走向隔离。

他们压抑自己人际感情的另一个原因，我们已经在讨论他们自立自强的时候说明过了。任何能让他感到快乐、依赖和感兴趣的事，都会被他视为是自我背叛，然后故意压制。在他们看来，自己必须先经过分析，确定自己不会因此失去自由后，才可以流露出情感。如果局面确实符合自己的期待，他会很享受其中，但如果发现独立性受到了一点威胁，他就会将自己更加严密地封闭起来。在《瓦尔登湖》里，梭罗对这种感情描绘得十分形象。他们害怕享乐会扰乱他们的自由，于是索性拒绝享乐。但这种禁欲，不同于自我否定或自我折磨，而是自成一派，我们或可以称之为"自律"，这是一种充满智慧的禁欲方式。

隔离型人也会在某一方面允许感情自然流露，他们的内心需要通过这些方式保持平衡。比如，专情于创作，就是一种保持内心平衡的方式。当他们被压抑的感情通过治疗或者某种经历，最终得以自由释放的时候，他们很容易做出一番成绩，甚至获得惊天的成就。但对于这种治疗方式，还是要保持审慎的评估。如果把这当成是人人可行的治疗方式，必然是错误的，况且，即使是对隔离型人而言，这种方法也无法彻底改变其神经症的基本因素，远远达不到治愈的效果。它只是给他们提供了一种失调程度略轻的、满意程度略高的生活方式。

隔离型人越是压抑自己的感情，就越会重视理性。他会将解决一切问题的方式都寄托在理性思维上，认为由此就能实现自我治愈，认为理性推断可以应对世界上的所有难题。

有疏离倾向的人，任何长期的亲密关系都会给他带来影响，以致最后不欢而散。在我们讨论完隔离在人际关系上造成的问题后，就更能看清这一点。如果人际关系另一头的人，也是隔离型，或者即使不是，但是愿意接受他的状态，那么他们就能相安无事，否则，最后的结局往往不会愉快。小说里索尔维格对培尔·金特一片痴情，等待他归来，她就是这种理想的伙伴。索尔维格不愿意吓跑对方，不愿对方脱离自己的控制，所以从不对他提任何要求。而培尔·金特却从不认为自己的付出太少，反而认为自己给了对方最珍贵、最史无前例的感情，如果感情中能一直保持充分的距离，他还是能够在比较长的时间内保持忠诚的。他会暂时与一些人交往（他也可以和他人保持短暂的关系，这样他可以想来就来，想走就走），但这种关系很脆弱，任何一点小事，都会让他退缩。两性关系对他的意义，更像是让他与别人用来交汇的一座桥梁。如果关系是短期的，不影响他的生活，他就会乐于接受；此外，这段关系还必须在时间和地点上有严格的限制。对于这样的两性关系，他会表现得很冷漠，因为他原本就不允许任何异性真正走进自己的领地，所以，他常会用想象的关系，代替真实世界中的关系。

以上种种在具体治疗过程中，很容易得到体现。隔离型人对治疗师的工作通常是不配合的，因为这是对他私生活的最大侵犯。但他也有兴趣进行一番自我观察，拓展自己的视野，能直观地看到自己内心的复杂的斗争，因此，他又会暗自希望听到治疗师的分析。

在接受治疗时，当他得知自己的梦具有艺术性，或者得知自己无意中做的事显示出了某种才能的时候，他会觉得很兴奋。就像科学家乐于证实自己的科学猜想一样，他也会很乐于看到自己的想法得到别人的认可。对于治疗师的努力，他会心存感谢，也希望得到一些指点，但如果他感到对方在强迫自己，或者是给出的方向并非是自己预想的，他就会很反感。对于这种类型人而言，为了时刻抵御住外来的影响，早就将自己武装到了牙齿，然而，他依然会担心治疗师在分析中，会暗含给自己带来危险的指示，哪怕这危险对他的影响很小。合理的自我保护，是以实际情况去验证治疗师的指示是否正确，但实际上，无论治疗师说的正确与否，只要是和自己想法不合的，他都会统统反对。但他不会直接反驳，他会表面看来彬彬有礼，而在内心拼命排斥。对于那些让他感到困扰的事情，他也会想要从中解脱出来，对于自己，他也很喜欢进行自我观察，但一切的前提，必须是他不会因此做出改变，他痛恨那些劝人改变的治疗师。对于外来的干扰，他一律反对，这只是构成他处事方式的一个原因，至于其他的那些原因，我们以后将逐步讨论。他在自己与治疗师之间，人为地拉开了一段很长的距离，在很长时间内，治疗师对他来说不过是个声音而已，没有其他的意义。在梦境里，他和治疗师的关系会以这种方式反映出来：站在美洲的治疗师，朝站在亚洲的自己喊话，还和站在不同大洲上的人喊话。从表面上看，这种梦境表现了他和治疗师刻意保持距离，但实际上，他意识中的态度，却以清晰的景象表现了出来。这个梦境，不仅是在描绘现实存在的感受，更是描绘出他在解决问题的过程中而做出的挣扎，其深层次的含义是，他想避开治疗师，想避开治疗师的分析——他希望这种治疗不再以任何形式出现在他的生活里。

对于治疗过程中和过程外的另一个特点，我们在这里也要进行解读，那就是在治疗师发起治疗攻势的时候，他会固执地防守自己内心的堡垒。当然，这种现象出现在所有神经症中，但隔离型人的抗拒程度最强烈，几乎成了一场你死我活的搏斗。为了反抗治疗师的入侵，他会想尽各种办法。其实，早在他感受到威胁以前，反抗就已经以一种隐藏的方式开始了，并且破坏性极大，不和治疗师建立联系，就是反抗的一个阶段。当分析师试图与他建立联系，并表现出希望通过关系的建立而进一步改变他的想法时，他就会用一种不动声色的方式逃避。他最多只会对治疗师进行一些理性的评价，一旦感到自己不由自主对治疗师产生了感情连接，便会马上进行控制。因而，对于人际关系的分析治疗，他往往最为抵制。而由于他的人际关系通常都很含混，治疗师也难以得到清晰的脉络。他对于治疗师的抵制，其实是可以理解的。他长期与别人保持着安全的距离，所以只要是听到这方面的话题，就会很警觉，很焦虑。如果这个时候，治疗师一再提起这些话题，他就会怀疑治疗师的目的：他是不是想让我融入人群？这种方法，会让他不屑一顾。如果治疗师让他明白了离群索居的坏处，他也会感到惊恐，感到烦恼，但他更可能会因此想要放弃治疗。而且，对于这以外的话题，他也开始反应强烈，一个平日里温和、平静、理智的人，在自由与自尊受到威胁的时候，很可能恼羞成怒，出言攻击对方。当他意识到，加入某个团体或参与某项活动，不是只缴纳会费那么简单的时候，就会感到惶恐，即使他已经参与了进去，也会不惜一切代价脱身而出。他们会想方设法逃离，仿佛融入群体是比丧失生命更可怕的事。假如爱情与孤独二者必须选择一个，他会毫不犹豫地选择孤独。而这也引出了疏离倾向的又一个特点：为了保证自己隔离于世，愿意做出任何牺牲。无论是实际的利益，还是精神上的价值，都可以抛弃；在意识上，他会把所有影响隔离的念头都摒弃掉；而在潜意识中，他对欲望进行着条件反射般的压制。

　　一件事情能被如此捍卫，无论具体情形如何，其主观价值肯定是不可比拟的。我们只有先明白了这一点，才能理解隔离的本质，进而治疗患者。正如我们看到的，人们在对他人的几种基本倾向中，每一种都自有其积极的价值：在讨好他人的倾向里，人们让自己与整个世界和平相处；在对抗他人的倾向里，人们为了生存，可以让自己变得更强大；在疏远他人的倾向里，人们能获得某种程度上的正直和宁静。事实上，以个人成长而言，这三种倾向不仅必不可少，而且很有可取之处。而只有在神经症中，它们才会变得难以自控、僵硬、盲目而互相矛盾。虽然这样会严重损害其原本的价值，但却还是留存下了一些优点。

疏远他人，能带来很多益处。在所有东方哲学里，独处，都被看作是实现更高精神境界必备条件之一。当然，这和神经症中的隔离有很大的区别。独处，来自于人们的自愿选择，是走向自我完善的最佳途径，如果愿意的话，可以由此过上另一种不同的生活。而神经症里的隔离就不一样了，神经症的冲突，是内心一种难以抑制的冲突，没有可以选择的余地，是患者唯一的生活状态。不过，患者还是可以从中得到某些益处，而益处的多少，取决于神经症的严重程度。神经症的摧毁性是巨大的，但是隔离型人却有可能保持一定的纯正与诚信。当然，在一个人际关系普遍良好、人人都很真诚的社会里，这种品质并不值得一提；但在一个充满虚伪、狡诈、嫉妒、残忍和贪婪的社会里，弱者很容易因为自己的单纯而遭殃，与他人保持距离，则能起到自我保护的作用。隔离得越彻底，内心也就越容易保持平静。另外，假如患者在他划定的结界范围内，还是存留了些感情生活的话，那么他的隔离，会激发出他的原创性思维和更多情感。除此之外，如果他愿意偶尔跳出自己的结界，把自己对世界的想法表达出来，那他的创造力也就能得以发挥——假如他确实有这种才能的话。需要注意的是，我并不是说想拥有创造力，就必须要先经历一番神经症的隔离，而是说在神经症中，隔离型人也有可能表现出自己的创造力。

尽管隔离型人可以获得一些益处，但是这并不代表他们就应该不顾一切维护这份隔离。实际上，即使他们并没得到多少好处，甚至可能承受着隔离带来的烦扰，他们还是会想方设法自我隔离的，这需要我们做进一步观察和研究。如果我们强硬地要求隔离型人去亲近他人，很可能导致对方精神上彻底垮掉。说得学术些，就是精神崩溃了。我之所以在这里使用"崩溃"这个词，是因为其涵盖了精神类疾病中的很多失调现象：身体机能紊乱、酗酒、自杀、抑郁、工作停滞、精神错乱。患者自己会把"崩溃"前夕发生的事当作病因，而很多治疗师也会犯这样的错误。这个原因可能是受到了上司的批评，丈夫出轨，妻子的吵闹，同性恋经历，在大学里不受欢迎，过去被人照顾饮食起居，现在却要自己谋生等。

事实上，这些因素确实可能与疾病的发作息息相关。所以治疗师也确实应该认真分析这些因素，搞清这些挫折是如何导致患者精神崩溃的。可只做到这一步，还是无法治愈患者的，因为很多问题依然没有得到解释：为什么这些挫折会给他造成如此强烈的影响？为什么一次看起来最普通的受挫，就会让他的整个心理都失衡坍塌？换句话说，治疗师知道了患者会在某种情况下做出某种反应，还是不够的，还必须搞清楚他为什么会因为一个很小的诱因，而导致出很严重的后果。

想搞清楚其中的缘由，我们必须正视这样的现实：和讨好他人和对抗他人的倾向一样，隔离型人内心的疏离倾向在正常发挥作用的时候，他确实会因此而感到安心。相应的，当疏离倾向因为遭到干扰，无法发挥作用时，他则会产生焦虑。他疏远他人，就是为了获得安全感，而一旦他设置的结界遭遇入侵，不管对方是出于什么目的，他都会感到安全受到威胁。这就能解释，为何他在无法和人保持距离时会万分惊恐。这里我们应该补充说明：他之所以如此恐惧，是因为他无法运用其他的生活方式。没办法，他只能疏离人群，将自己隔离开来，而这也再一次印证了，疏远他人的倾向，之所以和导致神经症的其他倾向有明显的区分，就是因为包含了消极的性质。表述得更具体一点，就是隔离型的人，在面对困局时既不会服从妥协，也不会激烈对抗；既不会对谁言听计从，也不会表现得颐指气使；他既不能爱上谁，也不会憎恶谁。他没有其他解决问题的方法，就像是被猎人追捕的野兽，除了逃跑和躲藏，想不出其他获得安全的模式。在他的想象中，或者是梦境里，他是锡兰丛林中的侏儒，在森林中，是战无不胜的，但是只要走出那片林子，他就丧失了战斗力。或者，他是一座中世纪的要塞，一切安全都靠围墙保护，一旦围墙被破坏，敌人就会长驱直入，整座要塞都会被人占领。这些存在于患者脑中的情景，让他们对生活惴惴不安，对别人刻意回避。他们把隔离作为一种非常有效的防御手段，不计代价，紧紧抓住不放，让别人无法攻陷自己的要塞。所有类型的神经症倾向，其本质上都是一种防御，但与疏离倾向不同的是，其他倾向都是向前进入生活，而当一个人的疏离倾向占主导行为时，他就会将自己隔离在现实生活之外，成了没什么贡献的"无用之人"，正因如此，他们对于疏离倾向的固守，显得比其他两种倾向更明显。

隔离型人如此维护自己的疏离倾向，还可以做出进一步的解释。当隔离被破除，结界被打破，这些对隔离型人造成的恐慌并不是短暂的，长此以往，他们可能会因此在发病时出现人格分裂。如果在治疗过程中，患者们的自我隔离被打破，患者会直接或间接地感觉到忐忑和恐惧。他们之所以畏惧，可能是因为不能再自我隔离，使他们丧失了独特性，变得泯然众人；也可能是因为没有自我隔离的保护，他们就不得不面对攻击型人的胁迫和利用，为自己难以防御而感到无助。此外，他们的恐惧，还可能是因为担心自己精神失常，因此，他们需要治疗师能向他们保证自己不会陷入精神失常的境地。而他所担心的精神失常，并不是通常所说的发疯，也不是因为他不想承担责任才故意如此，而是直接表现了他畏惧自己内心被剖开后，会被公之于众。他的想象和梦境也都能表现出这一点。如果他放弃隔离，就意味着，他必须直面自己内心的冲突；还意味着，如果他承受不住打击，就会像被雷击中的大树那样，任凭外力把自己摧毁成碎片，有一位患者就曾这样描述过自己的感受，这一论断，也已经被观察和研究所证实了。典型的隔离型人，都对内心冲突这一表述深恶痛绝，极端反感，他们会告诉心理治疗师，自己完全听不懂对方在说什么，完全不明白什么叫作内心的冲突。如果他们发现，治疗师已经看到了他们内心正在激烈进行的冲突，他们会以一种不动声色的方式左右闪躲，以回避这个问题。如果他们在思想上还没有做好准备，就突然发觉自己正处于某种冲突中，内心的恐慌是难以形容的。但如果，是让他们在能感受安全的前提下，去认识自己内心的冲突，他们的隔离情况会更加严重。

隔离是基本冲突的一个组成部分，也是患者在应对冲突时的自我防御。如果我们清楚这一点的话，这个问题自己就能得到解决。隔离，正是患者用来防止基本冲突中另外两种倾向对自己造成侵害，所采取的措施。即使基本冲突中的某种倾向占主导，也并不妨碍另外两种倾向的存在和发挥作用，这一点我们必须清楚。在隔离型人身上，我们能更清晰地看到这些倾向在发挥作用，这是在另外两种人格身上很难看到的。在这类人的生活经历中，我们常可以看到几种相矛盾的倾向此消彼长，相互斗争。他们往往是先有过服从别人与抗拒别人的经历，然后才会明确表现出疏离倾向。而隔离型人的价值观，也与其余两种类型的人迥然不同：另外那两种类型的价值观，是鲜明的，界定清晰的；而隔离型人的价值观却矛盾重重。他们对于带有自由独立性质的事情，一向都会过高评价；在自我审视的过程中，他们会在某些时刻对善良、宽容、慷慨、自我牺牲等品质表示出由衷的赞赏；而在另一些时刻，他们又会信奉丛林哲学那一套，信仰弱肉强食，认为利己主义才是生活的准则。他们总能将那些冲突的部分进行合理化，以冲淡其中的矛盾。对于这样的情况，心理治疗师要有大致的概念，要对整体有所把控，不然很容易感到迷惑，治疗师可能在这个方向或那个方向上胡乱追踪一气，但不会太久就会发现行不通，因为患者总是躲进隔离的世界中进行避难，就像钻进了轮船上的防水舱，封住了治疗师的所有通道。

隔离型人有一套简单而又严密的逻辑，这套逻辑被隐藏在了他特殊的反抗模式中：他不愿与治疗师扯上任何关系，不愿自己作为一个人来被自我认识。事实上，他根本不想搞清楚自己与别人的关系，也根本不想正视自己的冲突。当我们清楚了他看问题的出发点，也就知道了他为何对导致冲突的原因漠不关心。他的出发点，在于认定自己，不需要任何关心，也不需要任何关系，就算关系失调，也不是因为他才如此，只要能与他人时刻保持一个安全距离，自己做什么都行。如果治疗师明确指出了冲突，他也可以装作不知道，因为他坚信如果稍作回应，自己就会有麻烦上身。他认为自己在隔离之中是安全的，很多事情没有梳理的必要。我们前面说过，隔离型人这种无意识中的逻辑，在某种程度上，是有积极意义的。而问题在于，他因为总是逃避现实，也舍弃掉了获得成熟和发展的机会。

让冲突无法产生效果，是疏远他人的首要作用，也是隔离型人格用以对付冲突的防御手段，虽然最极端，但也最有效。在众多看来积极和谐的神经症中，自我隔离的神经症，总是希望通过疏离而解决冲突。当然，这肯定无法真正解决问题，因为他无法彻底消除掉自己对于亲密、控制、利用和功成名就的渴望，他们的隔离是不由自主、强迫性的需求，即使没让自己精神瘫痪，也会在他内心中引发出持续的动荡不安。只要他还身处相互矛盾的价值观中，内心的平静和自由也就无从谈起。

第六章　理想化形象

　　讨论神经症对他人的基本态度，让我们熟悉了他们解决冲突最主要的两种方法，更确切地说，是他们面对冲突的两种态度。一是为了压制一种人格倾向，而故意突出它的对立面；一是尽量和他人保持距离，避免因为交集而产生冲突。这两种方法都很奏效，也都能给人以舒适的统一感，然而，为此付出的代价却也相当大。

　　除此之外，他们还有一条解决之道，就是塑造出一种幻想的自我形象，或者在某一时刻认为自己"应该"成为的形象。无论在他们的意识还是潜意识中，这种形象都大幅偏离了现实，但却给他们的生活带来了无比现实的影响。他们能从中获得满足，且乐此不疲，正如《纽约客》上的一幅漫画：一位臃肿的中年妇女站在镜子前，而她看到的自己，竟然是个有魔鬼身材的年轻姑娘。理想化形象的特征因人而异，具体细节取决于患者的人格结构。患者喜欢什么，他塑造出的形象就能提供什么，比如美丽、善良、才能、高尚、诚实、权力等，不过，这些形象都是他自己假想出来的，并不是真实的，这种形象有多不真实，就会使患者有多自大。请注意，此处的"自大"是字面含义，虽然常常用作"傲慢"的同义词，但在这里的意思是指："以为自己有某些品质，但实际上没有，或者以后可能有，但现在没有。"而且，这个假想出的形象越不符合实际，他们就越不堪一击。事实上，对于正常人来说，确定自己拥有某种品质，是不需要别人来认可的，只有当我们假装具有某种品质时，我们才会脆弱而紧张，渴望别人认可，唯恐有人提出质疑。

　　这种对于理想化形象的偏执，在精神病人身上表现得尤其突出，他们为了抬高形象无所不用其极。而对神经症患者来说，程度却没有那么夸张，还能分清楚幻想和现实，而精神病人却已经将幻想出来的形象误认为是他实际的形象。如果我们把理想化形象偏离实际的程度，视为区分精神病和神经症的重要参数，那么，理想化形象则可以定义为神经症与轻微精神病相结合的产物。

　　理想化形象，从本质上说是种无意识现象。尽管在未经专业训练的旁观者眼中，神经症患者表现出的自我膨胀已经很夸张了，而当事人却对这种过分的理想化毫无察觉。同样，他也不知道，他想象出来的理想化形象，是由多少古怪的性格特征杂糅而来。或许他会隐隐觉得自我要求过高，但其实他只是把对完美的苛求误当成真正的理想，并对此毫无质疑，甚至以此为傲。

　　患者所创造的理想化形象，会影响到他对自己的态度，这种影响因人而异，很大程度上取决于他的兴趣焦点。如果他的兴趣焦点，在于说服自己就是理想中的形象，那他会认为自己真的智力超群，完美无瑕，即使犯下的错误也是神圣的。如果他关注的是现实中的自己，在理想化形象的对比下，他自己就会显得面目可憎，立刻陷入自我贬损和批判之中。在自我贬损的目光下，他看到的自我形象，严重偏离了实际情况，因此，我们将之称为"贬低化的形象"。

　　还有一种情况就是，当他们意识到现实中的自己与理想形象之间存在落差时，会不惜一切代价将之填平，以维护自己的完美。在这种情况下，我们会听到他们不停地念叨着"我本该"：我本该这么觉得，我本该这么想，我本该这么做……他们就像个幼稚的自恋狂，坚信自己天生就是完美的。也正因此，他们相信只要对自己再严格些、再自律些、再机警些、再周到些，自己就能"更完美"了。

理想化形象和真正的理想之间，存在着巨大差别。理想化形象是一座静止的雕像，是顶礼膜拜的固执想法，你永远无法将其变成现实。而理想是动态的，能鼓舞人们不断去靠近，这种牵引力弥足珍贵，对于人的成长和发展必不可少。理想教会人们谦逊，而理想化形象只能让人自视过高。不仅如此，因为理想化形象会让人无视自己的缺点，或者夸大自己的缺点，所以它还会成为实现理想道路上的绊脚石。

尽管人们对于理想化形象的界定存在差别，但从很久以前，就已经意识到了它的存在，并记录在各个时代的著作当中。弗洛伊德将它称为自恋、超我、自我理想，并运用到了神经症理论中。阿德勒也将这种现象作为心理学研究的核心，提出"这是对优越感的追求"。如果要详细论述这些观点和我的观点之间的区别，就过于偏离主题了。但我们可以简略地总结出，这些理论都只顾及到了理想化形象的某个方面，而没有纵观全局。而至于这种现象是不是重要、会造成什么影响，他们显然没能认识到。即便是弗洛伊德、阿德勒、弗朗茨·亚历山大、保罗·费登、伯纳德·格鲁克、欧内斯特·琼斯等，也都没有对其做出详尽的论述。

那么，理想化形象到底有什么作用呢？其关键的内涵就在于，它能满足人们的基本需求。这一点，即使是持有不同理论的学者们，也一致认同，他们全都将其视为神经症患者的坚固堡垒，难以撼动，甚至无法削弱。正如弗洛伊德在他书中提到的，阻碍治疗的最大障碍，就是患者早已在心中深深扎根的"自恋"心态。

理想化形象一共有五个功能。第一个功能，就是脱离现实，妄自尊大，即用理想化形象代替了真正的自信和自豪。一个神经症患者，因为之前遭受的经历具有强烈的破坏性，根本没有机会建立起自信。即使他还残存着一些自信，也会在神经症的发展过程中被进一步削弱，因为在他身上，自信赖以形成的必备条件太过脆弱，不堪一击。建立自信的条件难以一概而论，但其中最重要的条件，是拥有个人情感的活力，能够不断向自己真实的目标前行，并主动掌控人生。然而，这些条件很容易在神经症的发展过程中被摧毁殆尽。其摧毁过程大致如下：首先，神经症倾向会损害自我决策能力，不能让人主动做出决定，一切决定都带有强制性，没有主动权。其次，由于自主性减弱，人会更加依赖别人，不管这些依赖是以何种形式呈现，如盲目地讨好他人，盲目地反抗他人，盲目地疏远他人等，患者都会因为这些依赖而无法自由地决定自己的人生道路。再次，患者几乎将所有真实的情感都压制下去，导致这些情感能量完全失灵，无法发挥作用，也使得他无法树立起自己的目标。最后，由于患者失去了以真自我作为根基，所以不得不夸大自己的能力和重要性。他们离真自我越遥远，越需要通过理想化形象来填补其中的鸿沟，这也就解释了，为什么患者坚信自己无所不能，以及理想化形象中为什么难以撼动。不过，随着真自我与理想化形象中间的鸿沟越来越大，这种基本冲突也会不可避免导致他们人格的分裂。

理想化形象的第二个功能，与第一个功能之间的关系非常密切：患者会陷入恶性比较。由于他缺乏真正的自信，所以总觉得别人随时都会欺骗他、羞辱他、击败他、控制他，他会时时刻刻活在与别人的比较和较量当中，这种比较无关虚荣，也不是随性而为，而是出于痛苦的生存需要。既然他的脆弱和自我鄙视植根于心底，他就会努力从自己身上搜寻出让他自我感觉良好、比别人更有价值感的东西，以抹去他那种深入骨髓的自卑。无论他采取的方式，是认为自己比别人更高尚，更有爱心，还是更无情，更愤世嫉俗，他一定要感受到优越感，把别人比下去。这种需求，很大程度上就是"想要战胜他人"的心理，因为不管神经症患者的情况是怎样的，他的脆弱感总是不变的，并随时都会有被轻视和被侮辱的感觉。为了消除内心的屈辱感，他需要一种报复性的胜利，他可能将这种想法付诸行动，也可能只是在脑海中构思而已。这种需求，有可能体现在意识层面，也可能停留在潜意识层面，但都驱使着他们去追求优越感，并为优越感附加上一层神秘色彩。现代文明中无所不在的竞争关系，不仅让人际关系遭到破坏，而且那种对卓越的盲目追求很容易培养出神经症。

理想化形象的第三个功能，是用幻想取代真实的理想。在前面，我们已经知道理想化形象是如何取代人们的真正自信，而现在探讨的则是其另一种取代功能。神经症的理想是自相矛盾、模糊不清的，所以毫无约束力，也缺乏指导意义。患者心中所谓的理想，不过是想努力成为理想化形象的样子，让生活不至于沦为漫无目的。但也正因如此，一旦理想化形象遭到损害，他会在一段时间内陷入混乱与困惑。只有在这种时刻，患者才会意识到自己的理想或许存在问题，而在此之前，纵然他口头上表示出重视，但实际上对这些问题既关注不到，也理解不了。但现在，他终于第一次发现理想是有真实意义的，而且自己理应弄清楚这种意义。在我看来，患者的这种体验，是理想化形象取代了真实理想的铁证。了解理想化形象的这个功能，对于临床治疗意义非凡。在治疗的早期，心理分析师就可以由此指出患者价值观中的矛盾。只是，分析师不能指望此时他就对此表现出兴趣，只有等到他们自己肯放弃理想化形象时，矛盾的价值观才能得到解决。

理想化形象的第四个功能，是让人们产生防御体系，防止自己看见内心的冲突，破坏虚假的和谐。比起其他功能，这项功能更能解释理想化形象为什么会如此顽固。在内心隐秘的镜子里，我们看到的自己总是美德和智慧的化身，即使是最明显的过错和缺陷，都会统统消失，或者被涂抹上迷人的颜色。如果我们总是在心里过高评价自己，认为自己完美无缺，那么所有的不足和错误都会被人为地隐藏，甚至渲染成优点。这就好像一幅佳作中，即便出现一面破败腐朽的墙，但在观画者的眼中，也会成为由褐色、灰色和红色搭配出的美妙场景。

为了更深刻地理解理想化形象的防御功能，我们可以先提出以下这个简单的问题：人们会把哪些特征视为自己的缺点和过错呢？这个问题难有标准答案。一个人把何事当成自己的缺点和过错，取决于他自己接受与排斥何种事物。然而，在相似的文化背景下，接受还是排斥的关键，在于哪一方面占据了上风。举个例子来说，软弱无助的感觉，对于攻击型的人来说是莫大的耻辱，他们会因此拼命加以掩饰，而服从型的人则会认为这些感受很正常。在服从型的人眼里，对他人的敌视与攻击才是大错。而无论是哪一种类型的人都不会承认，其实自己所欣然接受的优点只是假象。例如，服从型的人不能接受其实他不是一个温顺慷慨的人；隔离型的人也不愿意看到，自己的超脱并不是自由选择的结果，而是因为他实在不懂如何与人相处，不得不保持距离。通常，服从型和隔离型的人都很抗拒虐待倾向（后面会详细进行讨论）。我们可以由此得出这样的结论：被患者视为缺点，并拒绝承认的那些特质，和患者对他人的一贯态度之间，有着不一致的、无法兼容的地方。换言之，理想化形象的防御功能，就是为了否认冲突的存在，而这也是理想化形象总是僵化不变的原因。在我意识到这点之前，我总是不能理解，为什么让患者接受真自我，接受自己其实没那么重要，没那么优秀会如此之难，但站在以上角度，我就豁然开朗了。他们之所以寸土不让，是因为他们一旦承认了缺点，就必须要面对内心的冲突，进而威胁到自己好不容易建立起的虚假和谐。由此，我们可以找到一种明确的关系：冲突的强度，与患者理想化形象的僵化程度成正比，理想化形象越是冥顽不化，冲突就必然越激烈。

除了以上四种功能，理想化形象还存在第五种功能，并且也与基本冲突有关：理想化形象决定了自己与他人的关系。理想化形象除了想要掩盖冲突的存在，也有个积极的初衷。它就像是患者自创出来的一门艺术，让对立的事物变得协调，至少，在他们眼中不再是冲突的。下面几个例子能展示这一切是怎么发生的，为了简明些，我只列举存在的冲突，并解释它们是如何出现在理想化形象之中的。

在 X 的内心冲突中，服从倾向占主导地位，他极度渴望获得别人的喜爱和认可，渴望被关爱和照顾，渴望成为富有同情心、慷慨大度、体贴周到、心怀仁爱的人；在他内心冲突中占据第二位的倾向，则是隔离，表现为他厌恶加入团体，看重独立性，害怕与人建立联系，对强制性的关系非常敏感。由于他对亲密感的需要与对隔离感的需要之间相互冲突，于是他在社交与情感上都陷入了混乱。此外，他还有着明显的攻击性驱动力，在任何场景下，他都必须做第一，有时候，他会间接支配并时而利用别人，并且，不能容忍别人对他有任何干涉。而这种倾向又和他自我隔离的倾向相冲突，其结果就是他的求爱与交友能力遭到破坏。但他对此并不自知，于是他虚构出了一个具有三重身份的理想化形象：他是无可挑剔的爱人与朋友，女人们都应该喜欢他，没有人比他更善良，更优秀；他是万人崇敬的政界领袖，是时代的骄子；他还是天资聪慧的智者，拥有世人少有的深刻洞见，参透了生命的真谛。

　　这种理想化的形象，并非完全是幻想。他在这些方面确实有着可观的潜力，但他却把潜力误认为是既成事实，甚至当成是已经取得的成就。此外，当他抱有这种想法时，他看不到驱动力的强迫性质，相反，这种驱动力还使他坚信，这些都是他与生俱来的特质和天赋。他没有意识到，他对感情和被认可的渴望，是一种神经症的需求，却理所当然认为自己具有爱的能力。他没有意识到，超越他人的渴望是具有强迫性的，却误认为这是他无人可比的能力。他同样没有意识到，想脱离人群并非他自由的选择，他却误以为这代表着独立和智慧。最重要的是，他会通过以下方式让冲突"消失"：在现实生活中，这些强迫性的驱动力互相干扰，阻碍他实现任何一种潜能。但在他眼里，这些驱动力被拔高到了事关他"追求完美"的高度，并且以互相兼容的形式出现，共同构成了他丰富的人格。事实上，这些驱动力背后的基本冲突并没有消失，冲突的三个方面被分割出来，各自承担起一个完美的角色——组合起来就是他的理想化形象。

而 Y 的例子，能让我们更清楚地看到患者将互相冲突的元素分割出来，有着怎样的重要意义*。Y 的主要倾向是隔离，并且程度十分严重，我们前面所提到过的各种特性他全具备。同时，Y 还有着服从倾向，表现得也很明显，不过他自己却试图屏蔽这种倾向，因为这与他对疏离的渴望无法兼容。一个人对完美的渴望，有时候能够强行突破自我压抑的外壳。他能够意识到对依附感的渴望，但这种渴望又不断冲击着他的隔离倾向。Y 只能在自己的幻想中做个冷血无情的人：他沉溺于幻想中大肆破坏，希望干掉那些让他不痛快的人。他声称自己信仰丛林法则，坚信弱肉强食，强权就是真理，并认为自私自利是理所应当的事，而且只有这样生活才是明智、不虚伪的。然而

---

  * 原注：罗伯特·史蒂文森所著的《化身博士》是描写双重人格的经典之作，主要讨论了一个人是否可能将自己身上冲突的特质分隔开来。在意识到自身的善恶无法调和时，博士说："从很早以前……我就想把（内心的）这些（互相冲突的）元素分隔开来，我已经学会了如何快活地沉溺在这种想法中，做一个美好的白日梦。我告诉自己，如果每种元素都可以被分隔在不同的身份里，我的生活就不必再如此不堪重负了。"

在实际中，他却是非常怯懦的，只在某些极特殊的情况下才会强硬一回。

Y 的理想化形象可谓是个奇怪的组合：在大多数时间里，他是个居于云端的隐士，淡泊宁静，拥有深邃的智慧；极少数时候，他又是个狼人，凶残嗜血，毫无人性；这两个无法兼容的形象还不能让他感到满足，他还应该是个最好的朋友，和最难得的恋人。

通过 Y 的例子，我们同样看到了他对神经症冲突的否认，同样看到他自视过高，和将潜能错误地等同于事实。但是，在这个例子中，那些冲突依然存在着，并没有真正解决。它们只是在 Y 的心中被分割出来了，似乎互不干扰，冲突一下"消失"了，而这效果正中了他的下怀。

最后在 Z 的例子中，理想化形象的种种倾向看起来更具统一性。Z 是一个攻击倾向占绝对主导的人，这从他的行为就能轻易洞穿；另外，他还有虐待倾向，蛮横狂躁，总想要控制别人。那颗想要征服一切的野心，驱动着他一路推进。他热爱权谋，有煽动力，并且敢于反抗，而且，他是丛林法则坚定的拥护者。他不屑于和平凡的人在一起，但他的攻击倾向总是会把他卷入人际关系中，所以他也做不到离群索居。他谨慎地控制着与别人的距离，不让自己有机会沉溺于亲密关系之中，这一点他确实很成功，他早已压制住了自己向别人表达善意的情感，剩下的只有单纯的性关系。但是，他依然保存着明显的服从倾向，渴望赞扬和讨好别人，这干扰了他对权力的追求。此外，他还受着道德准则的鞭笞，这些标准与他奉行的丛林法则水火不容，虽然，他主要是想靠此控制别人，可有时也会不由得将矛头指向自己。

在他的理想化形象中，他是身穿闪亮甲胄的骑士，追求正义，睿智勇敢；他是正直英明的领导，铁腕手段，纪律严明；他是女人们心中的完美男人，真诚潇洒，但尽管女人们都热烈地爱着他，他却不会让任何一个女人把自己套牢。于是，就如之前 Y 的例子一样，Z 也实现了自己的目标：所有基本冲突的因素都混合在了一起，似乎很和谐，很统一。

理想化形象之所以存在，就是为了在缓解基本冲突方面有所尝试，这和我们之前探讨过的其他尝试一样重要。它有着强大的主观价值，像是黏合剂，将分裂的人格碎片归整在一起。尽管它只出现于患者的臆想中，但却对他的人际关系起到决定性作用。

如果把理想化形象称作虚构幻想出的自我，我们便很容易误入歧途，因为这说法只说对了一半。在构筑理想化形象时，患者所能凭借的，只有脑子里的主观愿望。这听起来不可思议，尤其是患者在其他方面都愿意遵照现实的前提下。但这并不等于说，理想化形象就是无根据的，它和现实中的很多因素都交织在了一起，共同编织出了理想化形象。虽然确实有很多成就只停留在想象中，但背后的潜力却真实存在，所以，它往往带有患者真正理想的痕迹，并对他产生切实的影响。构筑理想化形象是有规律可循的，所以我们要掌握它的特征，这样才能推断出患者的真实性格结构。

但是，无论理想化形象中幻想的比重占了多少，在患者心里，都有一定的真实性。他越是笃信理想化形象的真实性，就越来越像他的理想化形象，同时，他的真自我就越黯然。这种颠倒黑白的能力，正是理想化形象所赋予的，其中每一个功能，都旨在抹杀真实人格，突出被理想化了的自我。有很多案例都能佐证我们的观点，理想化形象在内心冲突中被患者当成是救命稻草，因此，当他们的这种形象遭受攻击时，他们总会拼命为其辩护，这种反应是合理的，至少是合乎逻辑的。尽管理想化形象很大程度上出于想象，但只要患者认定它是真实而完整的，就能从中获得一系列感受：存在感、成就感、优越感、和谐统一感。进而，因为他觉得自己比别人优秀，会认为自己提出任何要求都天经地义。而如果这个形象遭到了破坏，那么他必然陷入强烈的危机，认为自己是弱小的、无助的、不值一提的，并且，没有资格提任何要求。然而，这还不是最可怕的，最可怕的是他必须面对内心的冲突和随之而来的撕裂感。心理分析师会告诉他，这种痛苦给了他一次机会，他可以借此整合人格，成为真实的自己，这比理想化形象给他带来的所有"荣耀感"都重要得多，但是转变是需要时间的，在完成转变前，这些矛盾对他毫无意义，反而像是在黑夜中疾驰一样，让他恐惧。

既然理想化形象的主观价值如此之大，那么它势必会坚不可摧吧？然而事实并非如此，这一切，全要归结于它存在着的明显弊端。首先，因为具有虚构性，理想化形象就像是装满炸药的仓库，从一开始就充满爆炸的危险。患者一旦受到质疑或者批评，或是察觉到某处和自己的理想化形象存在出入，炸药的引线就会被点燃。他必须实施严格的自我限制，才能免遭厄运。因此，他需要躲避一切存在难度的任务，和一切得不到别人赞赏和奖励的事情，他甚至会反感任何无法确定结果的努力。在他心里，自己是个天才，随便涂鸦一幅作品，就能是杰作，所以他很鄙视那些想凭借努力获得成功的人。如果让他像那些 A、B、C 等人一样靠努力出头，他会觉得是对自己的羞辱。但现实中无努力不成功，因此，他的态度反而让自己和目标越来越远。而他的理想化形象和真自我之间的距离，也就更加悬殊了。

患者很享受别人的赞美、认同和崇拜，然而这些满足感也只能带给他暂时的安全。他很可能会无意识地憎恶一些人——在知识、观点、处世智慧上比他强的人，或者其他方面比他优秀的人，因为他们的存在，威胁到了他对自己的过高预期。他对理想化形象的依赖越强，对这些人的厌恶度就越高。当他的狂妄自大受到打击后，他会格外崇拜那些宣称自己重要、并处处藐视别人的人，这些人身上有他的理想化形象的影子。但是他最终会发现，那些在他心中神一般的人物们，连他是谁都不知道，而只关心有多少崇拜者在跪地烧香，此刻，他必然陷入深深的绝望。

理想化形象可能导致的最糟糕的结果，就是脱离自我，并返回头扼杀、压制自己最重要的本质。这恰恰发生在神经症形成的过程中，虽然神经症有着基本的特性，但是其形成却难以察觉。患者会丧失真自我，具体来说，他会忘记他真正的感受是什么，真正喜欢的是什么，抗拒什么，相信什么，总之，他忘记了自己原本是谁。毫无觉察地戴着理想化形象的面具，过着原本不属于自己的日子。詹姆斯·巴里的小说《汤米与格里泽尔》中的汤米，就力证了这种现象是如何演变出来的，并且比任何临床描述都要有说服力。汤米用无意识伪装和合理化作用，为自己编织了一张"蜘蛛网"，将真自我紧紧缠绕住，无法脱身，他对生活丧失信心，是因为并非是他在生活；他之所以难以做出决定，是因为他不知道自己想要什么；只有当麻烦上身的时候，才会幡然醒悟：因为对真实的自己知之甚少，才会出现这样的状况。要想弄清如何面对此类状况，他必须先认识到自己的内心正被虚幻的面纱遮盖，而这面纱还会扩展到外部世界。一位患者近期对此做出的总结，很能说明问题："如果不是现实在捣乱，我本可以过得很舒坦。"

虽然，理想化形象被创造出来是为了消除基本冲突，并且也取得了局部胜利，但同时也在人格中造成了新的裂痕，让真实的生活危机四伏，其危险程度远胜从前。换句话说，当一个人对自己真实形象无法容忍时，理想化形象便破土而出。理想化形象看似弥补了他现实中的不足，但也让他更加无法直视真自我，更加蔑视自己，更加愤愤不平。当人把自己的位置放得过高，一旦发现无法企及，是会越来越苦恼的。他会会在自恋与自卑中徘徊，悬在半空中，找不到一个能栖息的中间地带。

于是，新的冲突产生了。一面是强迫性的、自相矛盾的追求完美，一面是这种内部失常导致的对自我的压抑和独裁。这种固执引发出的反应，和历史上那些独裁政客们没有丝毫差别。这类人有时会很认同自己的固执，认为自己的实际表现，已经和内心所想一样完美无缺；有时却想为了那个目标而再努努力；有时则会抗拒，不想承担内心人设的任何任务。

假设他的反应是第一种，那么他会表现为一个"自恋者"，一个视批评如猛兽的人，他无法察觉自身存在着的裂缝。假设他的反应是第二种，那么他会表现为一个形式上的完人，就像是弗洛伊德所说的超我。假设他的反应是第三种，那么他会表现为一个怀疑一切的人，他不愿意承担责任，行为古怪，习惯否定别人。

我故意用"表现为"，是因为无论患者做出的反应是哪一种，其本质都是一种挣扎。即便是那种平时自诩"自由"的反抗型人格，也会试图推翻强加给自己的标准，但同时，他也会用这样的标准去衡量他人，由此证明他并不能摆脱自己的理想化形象。这些人会在不同的极端中切换，比如，在某个时刻他会想做一个十足的好人，然而这并没让他内心安慰，于是，他又反转180度，坚决反对"好"的标准。还可能，他会从自我陶醉中醒来，忽然转去追求完美。而最多的时候，我们看到的是各种态度的混合。我们由此看到这样一个事实：他所有的尝试之所以都会失败，是从一开始就注定好的，他把逃离的手段当作自己难忍现状时的解决之法。在任何一种困境中，这样的手段都会被广泛尝试，一个行不通后，就会转战另一个。

这些尝试组合起来，形成了一个巨大的阻碍，以压制真正的发展。这类人看不到自己错在哪里，就更别提从错误中吸取教训了。他会越来越不在意个人成长，因为在他的概念里，自己早就成功了。即便他想到成长，也会下意识地认为，成长意味着创造出更完美无瑕、毫无破绽的理想化形象。

因此，心理治疗的任务，就是让这些人全面细致地意识到自己的理想化形象。只有这样他们才能明白，理想化形象有着怎样的功能和主观价值，也更能明白它会带来怎样的痛苦。当然，做到这一步后，他们或许还是会犹豫，自问是不是真要做出这样的牺牲。无论如何，理想化形象都是出于他们的一些心理需要才被创造出来的，想要摆脱理想化形象的桎梏，必须先大幅度削弱这些心理需要，停止对理想化形象的创造。

第七章　外化作用

　　有一点我们可以明确，那就是，为了缩小理想化形象与真实自我之间的差距，神经症患者会做出许多看似努力的尝试，最后却只会让差距更加扩大。但是因为理想化形象有着不能小视的主观价值，所以患者总会想方设法接受它。至于具体方法是如何多样，我们会在下一章里再做探讨，在本章里，我们只讨论一种，且这种方法虽然并不出名，可它对神经症结构造成的影响，却格外深刻。

　　我将这种方法称之为"外化作用"，它是这样的一种方法：患者把自己内在的变化过程，理解为是发生在自身之外的事情，并会因此抱怨，认为是那些外在因素给自己造成了麻烦。虽然，理想化形象与外化作用的目的都是"逃避真自我"，但是对理想化形象来说，为了逃避真自我，需要先塑造出一个理想化的自我，以此为基础，再对自己的真实人格进行修整和再创造，这还是停留在"自我"的区域以内的。而外化作用，则彻底抛弃了"自我"的范围。简单说，他们是为了躲避基本冲突而创造出理想化形象，以便从中得到庇护，然而，当理想化形象和真自我之间的差距不断扩大，大到压力和张力让他们无法承受的时候，庇护感就会消失。此时，他们再也不能在自我的范围内采取任何措施，也无法从中得到什么，只有彻底逃离自我，将一切都视为是自身之外的事。

其中的一部分现象，可以用一个术语进行概括——"投射"，即将个人的问题"投射"到外面的事情上。一般来说，投射意味着将责任和批评都转移到他人身上，"责任和批评"针对的，是一些人主观上想要拒绝的倾向或品质，比如背叛、野心、控制欲、伪善、懦弱等。如此一来，"投射"用到这里再恰当不过了。然而，外化是一种更全面的"投射"，转移责任只是它的一部分功能。有外化意愿的人，不仅认为错误都是别人的，还会或多或少地把自己的所有感受，也都当成是别人的。比如，一个外化的人，可能会为一些弱小国家正面临死亡威胁而忧虑，却意识不到自己本人正身处险境。他或许能捕捉到别人的绝望，可对自己的绝望却麻木不仁。尤其重要的是，他难以察觉自己对自己的态度。有可能，当他自己憎恨自己时，会以为是别人正在恨他；当他对自己生气的时候，会以为自己是在生别人的气。更进一步说，他不仅把自己所遭受的干扰归咎于外因，甚至认为他所有的好心情、取得的业绩和成就也都是被外部因素决定的。心情愉悦时，他会认为是因为天气不错；获得成功时，他会认为是好运的眷顾；而一旦失败，他则认为是自己的宿命。

当一个人认为自己生活的好坏都与别人有关时，他必然会费尽心思，想要影响别人、改变别人、惩罚别人、保护自己不受别人的打扰，或者是希望自己给别人留下深刻印象，通过取悦别人给自己赢得"很好"的反馈。由于这种外化作用，他必然会越发依赖别人。不过，他的这种依赖与讨好型人格对于温情的依赖有所不同，他还会过分依赖外部环境。一个人要是特别在意自己是住在市中心还是郊区县、该保持这种还是那种饮食习惯、早睡还是晚睡、属于这个还是那个团体，那么他就具有了一种特质，荣格将其称为"外倾性"。荣格认为，外倾性人格是气质倾向的片面发展，在我看来，这是患者尝试用外化作用消除内心冲突后得到的一种结果。

外化作用还有一样不可避免的产物，那就是能感知到空虚和肤浅的痛苦，然而，这种感受又一次被患者搞混淆了。比如，明明是感情上感到空虚，他却以为是胃里空虚，于是，他尝试摆脱空虚的办法，就是强制自己进食；或者，他感觉自己整个人轻飘飘的，好像随时都能被风吹走，但是他会以为，那是因为自己体重过轻。他会觉得如果自己被人分析一番后，肯定就只能剩下一副空壳。他们的外化作用越是强烈，就越会觉得自己好像影子一样空虚，踪迹不定。

以上，就是外化作用的内涵。而我们现在要说的，则是当理想化形象和真实自我之间产生分歧时，外化作用是如何进行调解的。无论患者如何有意识地审视自己，真自我和假自我之间的分歧，仍然会在潜意识中给患者造成痛苦。患者越是认为自己等同于理想化形象，潜意识越是会做出激烈、深刻的反应，而最常见的表现就是，他们会对自我产生怀疑，厌恶、愤怒，并倍感压抑，这些感觉让他们极为痛苦，而且还会以各种方式破坏他们的正常生活。

外化作用导致的自我怀疑与厌恶，既可以表现为认定别人轻视自己，也可以表现为自己主动轻视别人。通常这两者同时存在，至于哪一种表现更突出，或者说，哪一种更具有主动性，则要取决于神经症的整个结构。当患者的抗拒倾向越来越严重时，他就会认为自己比别人优秀，并因此轻视别人，同时，也不相信别人会轻视自己。相反，当患者的服从倾向越来越严重时，他就会因为没达到理想中的境界而自我谴责，并认为自己被人看不起。显然，后者的破坏性更大，在这样的心理机制下，他太容易成为一个胆怯、脆弱并害怕沟通的人。他会认为别人对自己的一丁点好，都是莫大的恩典，而这种恩典他是没资格拥有的，所以他很难拥有真正的友谊。因为在他心里，别人轻视自己才是最正常不过的事，那些别人给自己的善意，都是不该有的施舍。面对那些盛气凌人的人，他更是完全没有招架的能力，因为他也会部分认同那个人是对的，他似乎应该被鄙视。这些想法滋生出他内心的厌世情绪，情绪不断累积并酝酿，直到产生爆炸般的力量。

　　如果抛开以上弊端，外化作用下的自我轻视，也是有一些主观价值的。被别人轻视的时候，固然感到痛苦，但却也会认为，还有希望改变别人对自己的态度；或滋生出报复心理，认为他们总会遇到一模一样被轻视的时刻；或者在精神上抱有一丝希望，认为是别人对自己不公。如果没有外化作用，当他们赤裸裸面对自我轻视的时候，以上所有这些说辞就都无济于事了。自我轻视会让他感到求救无门，他在潜意识中对自己的所有绝望，都会清晰地浮现在意识中。他不仅会鄙视自己的缺点，还会认为自己整个人都是该被鄙夷的。因此，即使是自己的优点，也会被他扔进"毫无价值"的深渊。简单说，他会将自己等同于"被鄙视形象"，他会厌恶自己身上的一切，并且将之当作永远也改变不了的现实，无从救赎。因此，心理治疗师们一定要注意这一点，不要触动他们的自卑，除非他们不再抱着理想化形象不放，也不再处于绝望中，才可以去做这方面的工作。唯有此刻，他们才能正视自己，明白自己并不是真的一文不值，那些不过是从自己制定的残酷的标准中，生根发芽出的主观感受。也只有到了这个时候，他们才会学着对自己宽容，会明白自我评价并非不能改变，会懂得自己的那些特质并不是可耻的，只是些他需要逾越，并且最终能够逾越的障碍而已。

当我们理解了"理想化形象"对他们具有的重要性后，也就能明白，他们为何对自己如此厌恶和愤怒，以及愤怒为何如此严重。对于自己无法达到理想化形象，他们不仅感到无力和绝望，还因此激发出对自己的愤怒。之所以会愤怒，是因为他们把"无所不能"当作是理想化形象的固定配备。无论童年时遭受过多么难以克服的困难，他们都认为可以用无所不能的理想化形象来解决。他们并不明白，正是自己试图解决内心冲突的努力，才导致了神经症像"蜘蛛网"一样一层缠绕着一层，使问题变得越来越复杂，难以处理。而当他们意识到即便是"理想化的自己"，也无法解决内心的冲突时，心中的绝望和愤怒便会达到峰值。这也就是当他们突然顿悟到"冲突"的存在，很可能引起其巨大恐慌的原因之一。

对自己的憎恨，主要以三种形式实现外化。当他们肆意发泄内心不满时，很容易让怒火燃烧到自身之外。也就是说，他们会迁怒到别人身上，而这种迁怒，可以是因为别人的某个具体过错，也可能是无缘无故地发泄。即使是有别人的错误做导火索，也必然是因为他们无法忍受自己身上也有同样的错误。为了说得更明白些，我们不妨举个例子。一位女性总是抱怨自己的丈夫优柔寡断，但是她丈夫犹豫不决的那些事情，其实是无关紧要的，这意味着这些事并不值得她发那么大的火。我后来了解到，她自己也有着犹豫不决的毛病，所以我旁敲侧击地告诉她：她用力谴责的，其实是自己身上的优柔寡断。她听后瞬间爆发了，几乎要把自己撕成碎片。她无法容忍自己也有这样的缺点，因为在她的理想化形象中，自己是一个果敢决断的女性。然而戏剧性的是，在下一次和我交谈时，她已经把这件事抛在了脑后，这也是个很典型的现象。她确实有那么一瞬间捕捉到了自己的外化作用，但并没打算就此"改邪归正"。

自我憎恨的第二种外化形式，表现为患者总是在担惊受怕。有时候，他的忧心忡忡会浮现在意识中，由于他对自己的一些缺点深恶痛绝，所以他也害怕这些缺点会招来别人的厌恶。有时候，他的恐惧完全是在潜意识中进行的，他会无意识地担心自己的某种行为一定会招来敌意，如果他担心的敌意并没如期而至，他反而会更觉得忐忑不安。比如，有一位患者，她的理想化形象是做《悲惨世界》里那位仁慈的神父，可是，当她效仿书中神父的言行时，人们却并不买账，反而是当她忍不住发怒，或者是态度强硬时，人们才在意她，这让她倍感疑惑。通过她的理想化形象，我们很容易判断出，她的服从倾向占主导地位。这来源于她有讨好别人的渴望，同时，由于她下意识地担心他人的敌意，又强化了她讨好别人的倾向。事实上，严重的服从是这种外化作用最主要的结果。这一点，也印证了神经症倾向是如何通过恶性循环而不断增强的。从上面的案例，我们看到"仁慈博爱的人"这一理想化形象，让患者进一步抹杀掉真自我，而人们之所以对她模仿仁慈神父的做派不喜欢，就是因为那个"她"并不是真实的"她"。不过，由于她压抑了自己的攻击性，所以服从的意愿也会随之大增。但矛盾的是，当她压抑自己的攻击性时，又会自我憎恨，为了化解心中的憎恨，她将愤怒进行外化，认为是别人对他怀有敌意。愤怒的外化不仅加剧了她对别人的畏惧，也再次加重了她的服从倾向。

自我憎恶的第三种外化形式，表现为患者将注意力投向自己的身体，而且多是些小毛病。如果患者意识不到"愤怒的源头，其实是来自对自己的不满"，就很容易让身体出现明显的紧张状态，比如出现肠胃功能紊乱、头疼、精神不振等现象。而当他一旦意识到愤怒其实是指向自己时，所有的症状都会以光速消失。这一现象很有启发性，却又会让人疑惑：应该是将身体的不适称为外化作用，还是称为愤怒被压抑后的生理性反应？人们很难将真正的临床症状，从患者对它的利用中区分开来。通常来说，患者会将精神的不适归咎于身体，而将身体的不适归咎于外因。患者会力争他们的精神毫无问题，只不过是因为吃得不太注意，所以肠胃不适，或者是过度劳累导致浑身乏力，又或者是天气太潮引发了风湿，诸如此类借口，不一而足。

将愤怒外化，他们能从中得到些什么好处？可以说，得到的好处与将自我轻视外化一样。不过，有一点需要注意，那就是我们必须意识到自我破坏的冲动，会带来怎样的真正的危险，才能明白患者的病情到底严重到了什么程度。还拿第一个例子中那位几乎要将自己撕扯成碎片的女性来说，她的自我毁灭冲动是转瞬即逝的，但是，对于精神病人而言，则会真的出现自残，甚至自尽的情况。很有可能正是愤怒的外化作用，避免了更多自杀行为的出现。弗洛伊德虽然认识到了自我毁灭的能量，并由此提出了死本能的假说，但也正是这个概念，阻挡了他真正理解自我毁灭的行为，更别提创造出一条有效的治疗之路了。

患者内心的压迫感是强是弱，取决于理想化形象对他们人格的钳制程度。无论我们如何高估这种压迫感的作用，都不为过。因为相对于来自外界的压力，内心压迫感的作用更加可怕，最起码，外部压力还允许人保有内心的自由。多数情况下，对于理想化形象带来的压迫感，人们意识不到，但它的压迫力量是如此之强，以至于当压迫感消失时，人会立刻感到如释重负，无比轻松，好像重新获得了内心的自由，焕然新生。患者可以将自己承受的压迫感通过外化作用，转嫁到别人身上，这种行为与神经症中想要控制他人的欲望异曲同工，可以说，它们很可能同时存在。不过，两者还是有些许差别：将内心的压迫感外化，并不是为了让对方服从。它主要的目的，是把让自己苦恼的标准强加在别人身上，丝毫不考虑对方是不是愿意接受。清教徒式的心理，就很好地说明了这一点。

还有一种关于内心冲动的外化形式，也很值得关注，那就是患者对于外界任何与强迫沾边的事情，都会反应激烈，极度敏感。这种过度敏感十分常见，任何一个善于观察的人，对此都心知肚明。并不是所有的过度敏感都来源于患者的自我强迫，通常还包含将压迫感转嫁到别人身上后，再对这种感觉表示憎恶。在隔离型人格身上，他们坚持独立具有强迫性特点，而这种坚持必然会让他对任何外界压力都特别敏感。他们意识不到这种外化是一种隐藏得很深的病因，在心理分析的过程中也常常容易忽略。这是治疗中的遗憾，因为正是这种外化，造成了治疗师与患者的关系暗流涌动。患者很可能故意无视治疗师的每一个建议，纵使治疗师真的找到了导致他敏感的原因，他也会议置之不理。在这种对抗的局面下，较量所带来的破坏力非常强烈。治疗师千方百计想给对方带来改变，而对方却根本不想搭理。即便治疗师真诚地对患者说，自己只是想帮助他重新找回自我，重启内心活力之泉，但这种真诚对于他们而言，也毫无作用。对于治疗师无意施加的影响，他们会欣然接受吗？事实上，他们根本不知道自己的真实情况，也就无法判断什么应该接受，什么应该拒绝。尽管治疗师可能会小心翼翼，不对他们强加自己的观念，然而并不能起到什么作用，患者对于所有想要改变他的念头，会不加甄别地一致反对，他根本不会知道，自己表现出的症状，正是由于自我强迫而引发的痛苦。毋庸置疑，这样徒劳无功的较量，不仅会出现在治疗师分析患者的过程中，在任何亲近的关系中，都势必会出现或轻微或剧烈的较量。想要摆脱这种情况，唯有对这类内心过程进行分析。

复杂的是，一个人对他理想化形象的服从度越高，将这种服从外化的程度也就越高。患者会迫切想要达到治疗师或其他人寄予的期望，哪怕这期望只是他的误解，他也会表现出顺从，甚至轻信他人。同时，在他的内心深处，对于被控制的怨恨也会不断累积，终有一天，他会认为每个人都在支配他，于是对每个人都会义愤填膺。

现在，我们或许能更看懂外化作用对患者的意义了。只要他相信压力来自于外部，便有了奋起反抗的勇气，哪怕只是将念头存在心里。并且，由于他认为压力来自外部，所以也会认为自己是可以避免的，于是便产生了一种幻想的自由。还有一点更重要，我们前面也已经提到过：一旦患者发现压力来自内心而非外部，那么情况就会恶化，因为这等于逼着他承认理想化形象与真自我之间存在着差距。

在这里，有些问题应该探讨一下：内心压力是否会表现为生理症状？如果会，通常表现为何种程度？在我的经验中，高血压、便秘和哮喘，都和内在压力存在一定的关系，然而我在这方面的经验确实有限。

而我们接下来要探讨的，则是各种被患者外化了的特征，这些特征与患者的理想化形象形成了对比。总体来说，这些特征是通过投射而发挥作用的，也就是说，患者或者是从别人身上发现这些特征，或者是将自己身上存在的这些特征，怪到别人身上。这两种情况未必是同时发生的，在下面这个例子中，我们将借助一些之前提到过的内容，和一些众所周知的事情，来让我们更加深入了解投射的意义。

患者 A 酗酒成性，而且总是抱怨伴侣对自己漠不关心。然而根据我所了解的情况，他所抱怨的事并不是真的，最起码远没他说的那么严重。别人对 A 的评价是，他本身就充满了矛盾——他待人温和，宽容，谦逊；他傲慢刻薄，强势无礼。他在自己的冲突中苦苦挣扎。在理想化形象中，他是一个非常善良的人，除了圣·弗朗西斯之外，再没人能像他一样善良了，他是所有人都想交往的那种朋友。而他的攻击性只是这种强大的人格理应具备的品质。为了迎合理想化形象，通过投射，他便把自己的攻击性变得合情合理。正因如此，他在无意识的情况下，实现了自己的攻击倾向，还不用面对内心的冲突。一方面由于他的攻击倾向是强迫性的，所以他无法将其去除，而另一方面，他又不能放弃理想化形象，唯有如此，自己才不会精神分裂。为了摆脱困境，他会无意识地求助于投射。通过投射，他满足了自己的双重要求：既维持了自己身为大众好友所必需的品质，又保留了自己的攻击倾向。

患者 A 还一直怀疑伴侣的忠诚。这是一种莫须有的怀疑，事实上，她对他的爱就像母亲爱着孩子一样深，而他自己倒是经常背着伴侣出去偷腥。可以说，这是因为他内心猜测和焦灼所导致的一种报复性策略。这种情况，即便假设 A 是同性恋，也依然说不通。我们唯一能解释的是，他因为自己出轨而产生了古怪态度。表面上他忘记了自己的出轨行为，但实际上还记得，只不过感受和经历不再那么鲜活，相反，他臆想中伴侣的偷情却变得栩栩如生。这种感受的外化，与之前案例中的外化作用一样，让他既可以维持自己的理想化形象，又可以肆无忌惮地行事。

政界倾轧，以及各种组织之间的斗争，也是一个典型的例子。普遍来说，他们的各种手段都应是有意为之，目的是为了打压对手，巩固自己的地位，但实际上，这些勾心斗角也有可能是源于无意识的两难境地，就像前面所说过的 A 的两难选择一样。这种情况下发生的较量，实际上就是一种无意识的表里不一。它调动出了一个人所有的诡计和权谋，但却不会因此影响自己的理想化形象，同时还能将对自己的愤怒与轻视转移到另一个人身上，如果宣泄的对象是他原本就想打击的人，那就更妙了。

在总结阶段，我想再举个更常见的例子：患者即便在别人身上没有看到自己所具备的缺陷，却依然会将责任推到别人身上。很多患者通过治疗师的引导，发现了自身存在的一些问题，然后就毫不犹豫地将一切怪到童年阴影上。他们总是说，现在自己之所以对"控制"过分敏感，是因为自己有个强势专横的母亲；自己之所以对"羞辱"过分敏感，是因为自己儿时有过这方面的悲惨经历；如果他们报复心很强，那是因为儿时没有得到善待；而如果是内向孤立，则是因为在小时候没能得到别人的理解；如果在性上面压抑，那一定是因为家里给了他严格的教育，如此种种。我这里所列举的这些，并不是治疗师和患者齐心合力、认真分析童年遭遇后得出的结论，而是那些过分偏向童年影响而得出的结论。这样的分析只会让患者不断重蹈覆辙，而且对于此刻正作用在他自己身上的后天病因，会越来越没兴趣去探究。

患者们这种态度，得到了弗洛伊德的支持，他过分强调基因的作用，但我们不妨仔细思考一下，这种观点中合理和谬误的比例各占多少。一点没错，神经症倾向的确是在童年时形成的，患者所提供的信息，必然基于他对特定发展轨迹的理解。同样，一个人得了神经症也不仅是他自己的责任，因为环境产生的影响是巨大的，患者会强迫性地遵照人们习惯的方式，继续发展自己的人格。不过，有些事情，治疗师必须要给患者讲清楚。

患者的错误在于，神经症的形成虽然在童年，但却不能失去探究的兴趣，毕竟那时种下的病根，至今还困扰着人们。有的患者愤世嫉俗，这或许和他幼年时见识了太多的虚伪有关，然而如果他把这作为唯一的原因，就无法看到自己之所以需要愤世嫉俗，是因为正在不同的理想间徘徊，为了解决这种冲突，他干脆摒弃了一切价值观。此外，他总是想去承担根本承担不起的责任，而在自己该负责的时候，又断然拒绝。为了让自己看起来没那么糟糕，他会不断把一切责任推给童年，这样一来，面对挫折他就可以独善其身，认定那些缺点都是自己被迫拥有的，安心地从失败中撤出，维持本性高尚的形象。对此，他的理想化形象肯定负有责任，让他对于曾经和现在的那些缺陷和冲突视而不见，拒绝承认。更重要的是，他对于童年经历的不断提及，只是一种假象自省，实际上是在逃避，将真正的问题外化了，以至于尽管内心冲突不断，他却可以假装无知无觉。正因如此，他没有能力构建自己的生活，也没有能力做自己的主人。他只能像是沿着山坡往下滚的球，一旦下落就只能继续滚动，或者是一只实验室里的豚鼠，被限定路数后就永远定型。

患者对于童年经历的过分强调，正好说明他有强烈的外化倾向。所以我每次遇到这种情况，就能很快做出判断：这位患者正与自我彻底地进行着隔离，而且还将被驱动着，继续隔离下去。我的这种判断至今从未有过偏差。

外化作用也会体现在梦中。比如，有患者梦到治疗师像是狱警一样看守着自己；有患者梦到自己想要进入一扇门时，自己的丈夫却把门关上了；有患者梦见自己在实现某个目标的过程中，总是遭遇意外，这些梦都表明了患者的企图：否认内心的冲突，并将一切归咎于外部因素。

一个具有外化意愿的患者，会使治疗变得异常棘手。在他看来，治疗师的工作和自己没什么关系，找治疗师和找牙医一样，不过是例行公事。他或许会对自己的伴侣、朋友、兄弟的神经症饶有兴趣，却不会想要深究自己的神经症。他很愿意讲述自己遭遇过的各种挫折，却不愿意反省自己应该为其承担什么责任。他会认为如果不是妻子太过神经质，不是自己的工作不顺心，自己肯定过得不错。有很长一段时间，他完全意识不到，任何他以为的外力，其实都是自己内部产生的：他怕鬼、怕盗贼、怕电闪雷鸣、怕有人想害自己、怕政策突变，唯独不怕自己。他最有兴趣关心自己问题的时候，就是当他的问题能给他带来智力或艺术的愉悦感的时候。只要他在精神上仍是这副"我不存在问题"的样子，他就不可能将任何获得的真知灼见运用到生活中去，哪怕他对自己的了解越来越多，也无法改变什么。

所以，外化作用从本质上说是一场主动的自我消灭。之所以可以成功，是因为患者隔离了自我，而患者的隔离正是

神经症的固有现象。自我消灭后，患者内心的冲突也被驱逐
出了意识的领地。外化作用取代了内在冲突，患者会更加频
繁地责备他人、惧怕他人、报复他人。说得更具体些就是，
外化作用极大地加剧了引发神经症的起始冲突，即：个人与
外部世界的冲突。

第八章　虚假和谐的辅助手段

人常常会用一个谎言圆另一个谎言，然后再用第三个谎言来圆第二个谎言，无尽无休，直到谎言像蜘蛛网一样将他缠住，无法脱身，在挣扎中窒息。现实中，这样的情况到处可见。假如一个人或者一群人缺乏追求真相的勇气，那么纠缠不清的情况，必然经常出现。用谎言来解决问题，或许会一时奏效，但必然造成新的问题，然后不得不再找出个权宜之计来救场。神经症患者总是以这种怪诞的方式解决基本冲突，尽管，困住他的问题会在表象上发生巨变，但本质上和前面的情况无异，并不会产生任何实际作用。如我们所见，患者会不由自主地将一个虚假对策叠加在另一个虚假对策上，一层覆盖一层，但根本问题依然纹丝不动。譬如，他会尝试让冲突的某一方面成为主导，但过去那种被分裂的危机却依然存在。他还可能采取疏离手段，将自己彻底隔离，但在让冲突失去力量的同时，他的生活也被压缩到了一个可怜的角落，风雨飘摇。他构筑起的理想化形象，看似战无不胜且和谐统一，但新的裂痕随之产生。他试图通过外化作用，突出重围，从内心的战场上逃走，以为这样就可以修补裂痕，结果却让他陷入了更难堪的困局。

为了维持脆弱的平衡，患者只能采取非常手段。他会无意识地到处寻找救兵，比如盲区、区隔化、合理化作用、严格自控、绝对化正确、变化无常或玩世不恭等。我们没必要对这些手段本身逐一探讨，这是个无意义且不可能完成的任务，我只说明患者是如何利用这些手段应对冲突的。

我们经常会很惊讶，神经症患者的实际行为和他的理想化形象如此不一致，为什么他就是看不到呢？事实上，他们不仅是看不到差异，连眼皮底下正发生着的冲突也视若无睹。这种对明显差异的视而不见，就是"盲区"现象。每当我觉察到这一现象，就能注意到冲突的存在，及相关问题。举例来说，一个服从型的人，他具备了服从型人格的一切特征，虽然他坚信自己是一个善良的人，甚至像圣人一样至善至伟，然而有一次他却亲口对我说，在某次公司会议上，他恨不得找把枪将所有同事全都干掉。他杀人的念头，是由攻击性和破坏性的渴望激发而出，但重点在于，这场被他戏称为游戏的杀人幻想，却对他那圣人般的理想化形象没有丝毫影响。

另一位患者是位科学家。他坚信自己所做的事具有开创意义，也坚信自己完全献身于科学。然而，每当他发表文章时，却会从投机的角度出发，选择那些他认为会获得更大反响的文章。他和前面那位患者其实一样，并没有看到其中的矛盾，也就不会为此而刻意伪装。同样的道理，一位男士认为自己是个特别善良坦率的人，但是，当他把从一位女性那里索要来的钱财，转头就花在另一位女性身上时，却不认为自己有什么不对。

这几个例子中有一点十分明显，那就是盲区真的能让人无法感知内心的冲突。上面的几位患者，都是思维清晰、受过教育，甚至具备一定心理学知识的人，但是他们对于自己身陷盲区的现状却全然不知，这确实让人惊讶。如果把这归咎于"人们很容易忽视自己不喜欢的事物"，显然不足以说明问题，我们必须对此进行补充：我们对一件事情越是渴望，就越是容易在内心中将其掩盖。总结成一句话就是：这种人为故意创造的盲区，就是我们厌恶冲突的直接证据。但这里存在着一个问题，上述案例中的矛盾如此显而易见，患者是怎么做到忽视其存在的呢？的确，这绝非易事，但是一旦具备某些特殊条件，也就有了实现的可能。其中一种情况就是，对于自己的感情麻木不仁。而还有一种情况，和施特里克尔很早以前提出的理论一样——把整体的生活切割为隔离的局部。施特里克尔除了讨论过盲区现象外，还对切割的方法进行了论述，且逻辑严密。什么给朋友，什么给敌人，什么给家人，什么给外人，什么给群体，什么给自己，什么给上司，什么给下属，神经症患者全都界限清晰。在他们看来，一个范围内的事情，绝对不会与另一个范围内的事情产生矛盾，它们能够相安无事，井水不犯河水。事实上，想要实现这样的模式，唯有当冲突非常强烈，以至于丧失统一感后才能成立。所以，区隔化就是指患者因为想要掩盖冲突，而最终被冲突分裂。这和理想化形象中的拒绝冲突很类似：矛盾存在，但冲突却已经被拽到了患者的意识之外。想要说清是理想化形象导致了切割的产生，还是因为切割才出现了理想化形象，恐怕很难界定。不过我们可以界定的是，如果无视整体，只生活在被割裂的局部中，那么它确实会促进理想化形象的产生。

想要理解这种现象，就不能不考虑文化因素。社会体系如此庞大复杂，我们每个人都是个小齿轮，个人价值难以得到体现，而自我隔离的人倒是处处可见。我们文化中的严重矛盾难以计数，人们对于道德普遍麻木无感，对于道德标准也不再遵从，对于一位慈父忽然变成一个歹徒这种事，竟然不再感到惊讶。尽管我们的人格并不完整，但是在面对其他人时，并不会觉得有何羞愧，因为周围人的人格同样不完整。在精神分析方面，弗洛伊德只把心理学当作自然科学，抛弃了其中的道德价值，所以治疗师和患者一样容易忽视这种矛盾。在治疗师的眼中，道德观无论是用在自己还是患者身上，都是对科学精神的违背。而事实上，我们在很多领域中都需要"接受矛盾"，这种状况不只出现在道德问题上。

合理化作用，可以理解为通过患者独特的理论，来实现自欺欺人。通常来说，合理化作用就是人们为自己找借口，找托词，让个人的行为与动机看起来符合大众标准，但这个想法只能起到一定的作用。因为它暗示所有处于同一文化中的人，都会走上同一条合理化的路线，然而现实是，人们合理化的内容千差万别，方法也各自不同。这是很正常的事，合理化作用是一种人造的虚假和谐。患者围绕着基本冲突建立起防御工事，而其中的每一块砖上都能看到合理化作用的身影。患者通过自己的理论，让主要倾向得以增强，而任何阻碍主要冲突显现的元素，要么被缩小，要么被重塑，冲突也是通过这种方式得以隐藏。这样的推理过程，实际上就是自欺欺人的过程，患者的人格由此变得合理化。在服从型和攻击型人格中，我们可以更清楚地看到这一点。服从型人格坚信自己是因为同情心而帮助别人，当然，他们也会有强烈的支配倾向，一旦支配倾向表现得太过明显，他们就会将其合理化为"特别热心肠"。而攻击型人格，则坚信自己不是因为同情心而帮助别人，他会把自己的行为合理化为"我能从中获益"。理想化形象总是需要大量的合理化举动，才能最终形成，而理想化形象与真实自我之间的巨大落差，也必须依靠这些举动才可以被拉平。外化作用后，患者身上那些烦人的特质便可以推卸给外因，一切都成了他们针对别人的行为而做出的"反应"。

还有一种维护人格虚假统一的手段，就是严格自控。严格自控的倾向通常会非常强烈，以至于我一度将它当成了原始的神经症倾向。它的作用相当于一道堤坝，阻止矛盾的感情到处泛滥。最初，严格自控大多是有意识的行为，然而到了后面就会逐渐变成自然而然。患者在严格自控的时候，是不想让任何事情左右想法的，无论是热情、愤怒、自怨自怜还是性冲动。这类人在接受治疗师分析时，很难做到自我联想，他们不会用酒精来让自己亢奋，宁愿承受痛苦也不要接受麻醉。简单一句话，他们在努力压制一切自发的言行。冲突越是呼之欲出，这一点表现得越是明显。他们既不打算掩盖冲突，也没想让自己和人群隔离以杜绝冲突。他们仅仅依靠理想化形象来维持统一的假象，但是只凭理想化形象，显然不足以让人格真正统一。特别是，当其中包含了多个互相矛盾的倾向时，理想化形象的黏合性就更差了，患者必须有意无意地付出超常的努力，才能勉强维持完整。由于最具破坏力的冲动，是由愤怒引发的攻击性和破坏性，一旦到了这种时刻，想让冲突不继续恶化，患者的意志力就必须格外强悍，必须拿出更多精力去控制它，然而压抑下的愤怒其实更容易爆炸，这就需要他们投入更多的自制力，一个恶性循环就这么产生了。当治疗师提醒他们要警惕严格自控的现象，他们往往会自我辩护，说这是一种美德，是文明人的共性。他们会忽视掉，他们的严格自控实际上是强迫性的，他们对自我的刻板控制完全是身不由己的。如果因为某个原因，自控失败了，他们就会无比恐慌，最常见的表现就是精神失常。由此可见，严格自控的意义，就是躲避被分裂的险境。

绝对化正确，通常具有两个特征：消除内心的疑虑；消除外部的影响。疑心重和犹豫不决，都是冲突得不到解决后的副作用，它们可以严重到使人丧失全部行动能力。人在这种状况下，更容易受到外部影响的左右。想要不被外因支配，信念必须无比坚定。而当我们站在十字路口、不知该往何处的时候，外部的影响就成了决定我们选择的因素。可怕的是，这种情况通常并不是偶尔一见。犹豫不决所指的不仅是某种行为，还包括对自己的怀疑，和对自己价值和权力的怀疑。

我们身上的不确定性，正在破坏我们生活的能力。然而，人们对此的忍受程度并不相同。一个人越是把生活视为冷血的战场，就越会把犹豫不决视为致命伤。他越是与人群隔离，越是坚守孤独，就越容易被外在影响点燃心中的愤怒。我的全部临床观察，都能印证一点：当攻击倾向和隔离倾向混合在一起，并成为人的主导倾向时，绝对化正确就找到了最适合的生存土壤。其中攻击性越是明显，绝对化正确的程度就越严重。这些人会试图一劳永逸地解决冲突，即通过绝对化正确，断言自己能永久立于不败之地。不难想象，这类人必然对心理分析深恶痛绝，因为接受分析，就等于要打破自己苦心维护的内心"和谐"。对于被这种理论所控制的人，内心的感情就像叛徒，必须持续加以控制，以防止其滋生，由此可以得到平静，尽管这平静和死后长眠没有两样。

另一种防御方式，和绝对化正确截然相反，却同样能让患者拒绝承认冲突，这就是"变化无常"。有这类特质的人就像是活在神话故事里，被人追逐时，变成一条鱼；觉得装成鱼还不够安全时，就变成一只鹿；觉得还是没有甩掉猎人，危险近在眼前时，又变成一只鸟。他们从不会言之凿凿地说些什么，反倒经常会否认自己说过的话，要么就是解释自己之前想表达的意思，并不是人们以为的那样。在让简单的事情变复杂方面，他们存在着特异功能。这些人始终没办法明确表达自己的想法，即使偶尔下定决心要尝试一次，但由于他们的话总是云里雾里，别人还是不知道发生了什么。

这样的变化无常也见睹于他们的生活。他们一会儿凶神恶煞，一会儿又爱心爆棚；一会儿冷漠自私，一会儿又周到细致；一会儿专横嚣张，一会儿又满怀谦逊。在他们想显示出服从的时候，会去寻找强势、支配型的伴侣，但结果却会让自己变成了受气包，于是干脆又做回更强势的自己。他们在亏待别人后，也会觉得后悔，希望弥补对方，但一转念他们又会觉得这样很傻，索性更加凶狠恶毒。对他们而言，没有什么是愿意坚守的。

　　即便是治疗师，在遇到这类人时也会感到束手无策，觉得没处下手，但这种想法并不正确。这些人只是没有遵循常用的统一人格手段：他们既没能构筑起明确的理想化形象，又没能压制住冲突中的某个倾向。某种程度上，他们也让我们看到了这些尝试的意义。我们之前讨论过的那些患者，无论属于哪一种类型，无论问题有多棘手，他们的人格却都是有章可循的，而变化无常型人格则杂乱无章。治疗师的错误还在于，他希望可以轻松地找出他们的冲突，认为那些冲突就浮于表面，不用费什么力气就能将治疗工作完成。治疗师终究会发现，这类人对于将问题明朗化是万分抗拒的，治疗师自然会有挫败感，而同时也该明白，这是他们不想让别人洞察到自己内心的手段。

　　最后一种拒绝承认冲突的防御手段，是玩世不恭，具体表现为对道德的嘲讽和轻蔑。所有神经症中，无论患者多么严苛坚守着他所能接受的准则，也会对道德观呈现出不同程度的怀疑。造成玩世不恭的原因有很多，作用却是统一不变的，那就是否定道德观的存在，让患者无法搞清究竟什么才是值得自己信仰的。

　　玩世不恭可以是有意识的，就像是马基雅维利及其信徒们所奉行的标准。马基雅维利主义宣称，只要你不被抓住，就可以肆意妄为；每个人要么是笨蛋，要么就是伪君子。这类患者对于治疗师口中的"道德"异常敏感，根本不会管对方是在何种情景下说出的，这就像弗洛伊德主义盛行时人们对于"性"不分场合的敏感一样。玩世不恭也可以是无意识的，只不过，因为患者会在口头上对众人的观点尽量应和，所以这种倾向很可能被掩藏了起来。甚至患者都不知道自己是玩世不恭的人，但是他的语言和行为却出卖了他，表明他正按照玩世不恭的方式为人处世。有些神经症患者认为自己诚实又体面，然而他的内心却又忍不住羡慕那些谎话连篇、不择手段的家伙，甚至怨恨自己在这方面落在了别人后面。玩世不恭者也会陷入类似的矛盾中。因此，治疗师的一项重要任务就是，瞅准时机让患者发现自己的玩世不恭，并帮助他理解这一切。此外，治疗师还应该让患者明白，为什么他必须构筑起一套属于自己的道德体系。

上面所说的这些，都是围绕基本冲突建立起来的防御体系，我将之称为保护性结构。在每种神经症中，都有多套防御体系同时存在，组合发展，只不过每一种的活跃程度不尽相同。

冲突未能解决的后果

Our Inner Conflicts

第二部分

第九章　恐惧

　　在探究任何神经症问题的深层内涵时，人们就像面对一座错综复杂的迷宫，很容易迷失其中。这种状况并不稀奇，不直面神经症的复杂性，就无法真正理解神经症。然而，时不时地抽身而出，从旁观者的角度审视问题，将有助于我们重新找到方向。

　　我们通过研究防御体系的发展，看到了患者是如何逐步建立起了防御工程，直到其基本成型，并最终成为一种几乎静态的机制。在这个过程中，让我印象最深刻的，是患者投入其中的精力之多、代价之大，这让我们不得不思考：是什么力量，驱使他走过如此艰难、如此自我消耗的路？我们心中还有其他疑问：是什么原因，让防御体系变得如此坚硬、难以改变？构建防御体系的原动力，仅仅是害怕基本冲突潜藏的破坏力吗？

为了找出答案，我们需要进行类比。当然，任何类比都不可能做到完全的对等，只能在广义范畴上去看待。假设一个人有着很不堪的过去，他通过伪装和欺骗成功地进入了某个圈子。然而，他一直生活在恐惧中，害怕过去的事情被人发现。随着时间的推移，他的境况越来越好，有了朋友，工作稳定，还娶妻生子。他对新生活无比珍惜，但也因此产生了新的恐惧，他太害怕失去拥有的一切了。体面的生活让他自豪，也让他远离了令他憎恶的过去，为了把往日的痕迹全抹掉，他开始热心慈善，对过去的朋友也异常慷慨。但同时，他的人格也在发生着改变，继续将他卷入了新的冲突，结果就是，这场以伪装为开端的崭新人生，反倒为他埋下了隐患。

所以，在自己构建起的防御体系下，神经症患者无论怎样尝试，都只能暂时掩盖问题，并不能让冲突真正解决。基本冲突只是换了个形式继续存在，冲突的某一方面或许会有所缓解，但一定会有其他方面随之增强。这是个恶性循环的过程，会让后面的冲突越发激烈。患者与他人的关系，是滋生冲突的土壤，而患者每采用一种新的防御手段，都会对这种关系造成损害，冲突也必然更加严重。此外，新生活必然带来新事物，这些事物各有精彩，比如爱和成功，再比如辛苦争取来的独立，和苦心建立起的形象，当这些事物起到的作用越来越大，一种新的恐惧出现了：害怕美好的一切遭到破坏。与此同时，患者会越发疏远真自我，他无法面对自己，更无法解决当下的问题，懈怠随之袭来，患者的成长陷入停滞。

患者的防御体系极尽严苛，但也极尽脆弱，并且滋生出新的恐惧。其中一种恐惧，就是害怕打破防御体系的内部平衡。患者自身的防御体系，会带给他以一种平衡感，但这种平衡感很容易坍塌。他虽然不会有意识地去识别威胁，但却会以各种形式感受到威胁的存在。总结以往经历，他发现自己总会把事情搞砸，比如会莫名其妙地发怒、兴奋、忧郁、疲惫和压抑。这些经历会让他开始质疑自己，认为自己是无法相信和依靠的，由此他的一举一动都如履薄冰，心惊胆战。心理上的失衡，甚至会影响患者生理上的平衡，他会步伐混乱、姿态失常，或是无法去做任何需要机体平衡的工作。

而这种恐惧最具体的表现形式之一，就是时刻担心自己会精神失常。当患者的恐惧积累到一定程度时，会外显为严重的症状，驱使患者向心理治疗师寻求帮助。这种情况下，恐惧也会来自于被压制的冲动——想去做疯狂的事情，想大搞破坏，但是内心却不会有任何负罪感。我们必须注意的是，不能因为患者担心自己精神错乱，就判断他真的会精神失常。通常来说，这种恐惧是暂时性的，只有处于极端压力下才会出现。对于患者而言，在此期间受到的最大挑战，就是理想化形象突然遭到威胁，或者是因为不断堆积的紧张感（通常是因无意识的愤怒情绪引发的），导致患者无法再维持严格自控的状态。举例来说，一个自认为心平气和、勇敢无惧的女人在陷入困境时，无助、忧虑与愤怒同时袭来，她会经历一次恐慌的发作。她的理想化形象，原本是个将她圈住的铁环，此时却突然断裂，留给她的只有恐惧，害怕自己会崩溃得支离破碎。之前我们还提到过一个例子，一个隔离型人在孤独的"防御堡垒"中被强行拉出来，让他和别人亲密互动（比如参军，或是和亲人住在一起）时，他也会经历上面所说的这种恐慌。而这种恐慌也会表现为担心自己精神失常，并且在此情此景下，他真的有可能出现阵发性的精神问题。在接受精神分析的过程中，如果患者突然意识到，他处心积虑构建起的和谐只是种假象，因为他本身就是分裂的，那么此时患者也会产生类似的恐惧感。

　　对精神失常的恐惧，绝大多数情况下是由无意识愤怒引发的。即使这种恐惧得到缓解，但残留的恐惧依然会让他忧心忡忡，他害怕自己在醉酒、做梦、性兴奋或者处于麻醉状态时做出暴力行为，担心自己突然失控、辱骂、殴打，甚至杀死他人。患者或许能意识到自己的愤怒，比如表现为某种不由自主的暴力倾向，并伴随冷酷无情。也可能丝毫意识不到自己的愤怒，他只会感到一阵阵莫名的慌乱，还会出现流汗、头晕、昏厥等情况，这些症状意味着他的心中暗藏恐惧，他害怕自己的暴力倾向会突然脱缰。当患者无意识的愤怒被外化时，他会对外界一切具有潜在破坏力的事物深感恐惧，比如怕打雷、怕鬼怪、怕窃贼、怕蛇、怕壁虎、怕蜘蛛，等等。

相比起来，对精神失常的恐惧比较少见，最常见的还是对内在平衡被破坏的恐惧。这种恐惧常常藏得很隐蔽，表面上看不出明确的形式，并且可能由生活中的任何变动引发。比如旅行、搬家、跳槽、换保姆等，一想到这些事情，就有可能让他寝食难安。因此，为了避免这种恐惧的出现，即使是很小的一点点改变，他也会尽可能避免。这类人往往没有勇气去看心理医生，寻求改变，在他们看来，变化会威胁到他的稳定感，为防止变动，他们很可能拒绝自我分析，特别是当他已经找到了一种看似稳固可行的生活方式时，就更不愿意寻求心理医生的帮助了。他们所担心的问题乍看之下十分合理：治疗会不会破坏自己的婚姻？会不会影响自己的工作？会不会让自己急躁易怒？会不会和自己的信仰相悖？我们在后面的章节将会看到，患者之所以会这么想，是因为他内心并不抱希望，他不认为进行心理治疗值得一试，因为治疗也是一种变化，也会带来风险。对治疗各种担忧的背后，隐藏着他真正的不安：他害怕当下维持的平衡状态会被治疗破坏。不过，可以肯定的是，这类人搭建的平衡状态并不稳定，对他的治疗分析也会格外困难。

心理治疗师能不能事先向患者保证，治疗肯定不会打破他的平衡呢？这显然是不可能的。只要治疗开始，患者必然会感到局促不安。而治疗师的作用，就是帮他深挖问题的根源，向他解释他害怕的其实是什么，并且告知他，虽然目前的平衡会被暂时打破，但这才让他有机会得到真正稳固的平衡。

患者的防御体系还会衍生出另一种新的恐惧，即害怕自我暴露，其根源在于，他在建立和维护防御体系的过程中，有着太多自欺欺人的成分。对于这些伪装，我们在研究冲突是如何损害人的道德诚信时，将一起探讨。而现在，我们必须指出一点，那就是患者掩盖真自我，想努力展现出一个比真自我更理智、更大方、更和谐、更强大或更冷漠无情的形象。至于他到底是害怕将真实的面貌暴露给自己，还是别人，我们很难分辨。但是，他有意识地关注别人，特别害怕别人发现他的真面貌，这种恐惧在外化作用下会变得愈演愈烈。在这种情形下，他很可能觉得自己对自己的态度并不重要，只要不被别人发现，自己犯过的错就不值一提。当然，这只是他自认为的想法，现实并非如此，但这却是我们判断其外化程度的指标。

对于自我暴露的恐惧，有时会表现为一种模糊的感受，隐隐约约感觉自己在自欺欺人，或者担忧一些具体的东西，而实际上这些东西并非是真正困扰他的本源，只是被转嫁过来了而已。患者害怕人们发现他不如看起来那么聪明、能干、有素质、有魅力，于是他的恐惧就转移到了这些品质上，害怕自己不具备它们。一位患者提起，他在青少年时期一直被一种恐惧困扰，他认为自己考第一名全是靠蒙混过关。每次转学他都确信这次自己一定会露馅了，然而他又考了第一，于是怕被拆穿的恐惧更强烈了。他搞不清自己的感受，也无法确切说出自己恐惧的原因。患者之所以无法看清问题，是因为他已经出现了方向性的错误：他害怕被拆穿，这种恐惧与他的智商毫无关系，只是被他转嫁到智商这个方面上而已。事实上，他害怕自我暴露的根源在于，他潜意识中把自己设定为了一个不看重成绩的老好人，而他又被一种破坏性的心理需求掌控着，一心想去打败别人。由这个例子我们可以总结出：人们害怕自己是一个虚伪的人，这种害怕通常都涉及某个客观事实，不过，虚伪具体所指的事实，往往和他自认为的那个并不一致。这种恐惧最明显的表现就是脸红和害羞。但是，如果治疗师只要看到患者脸红，就能断定其一定在掩盖某些感到羞耻的事实，并由此刨根问底，那就犯了个严重错误。患者并没有刻意隐瞒某些不可告人的秘密，他的脸红只是表明，他越来越害怕发现自己可能真的存在邪恶，而这些邪恶是他潜意识中所鄙夷的。如果，引导患者认定自己的潜意识中存在着不可告人的秘密，反而会逼着他自我谴责，对治疗工作有害无益，况且患者最多也就是讲出更多的风流韵事，或是自己想要大搞破坏的冲动。如果治疗师没能发现患者正处于冲突之中，也没有意识到他只着力于解决冲突的一方，那么他对自我暴露的恐惧将继续存在，问题仍然没有解决。

　　只要患者觉得自己正在经历检验，都有可能诱发出他对自我暴露的恐惧。包括新的工作、新的朋友、新的学校、一次考试、一场社交聚会等等，或任何可能引来他人目光的场合，即便是参加讨论这种小事，也会因为有可能太显眼，而引发他的恐惧感。通常情况是，患者以为自己害怕的是失败，其实他怕的只是自我暴露，因此即使获得了成功，也不能缓解这种恐惧。他会认为自己只是侥幸瞒过，一旦下次真的失败了，他会认为"这下原形毕露"了，更加确信一直以来自己都是一个骗子。腼腆羞涩就是这种思维逻辑的一个表现。而另一个表现，则是在面对别人的喜爱和欣赏时，他会很警惕，认为："他们现在虽然喜欢我，但一旦真的了解我后，态度肯定就会转变。"这种警惕可能是有意识的，也可能是潜意识的，在心理分析的过程中意义重大，因为分析的目的就是追本溯源。

每产生一种新的恐惧，就会配套出现一种新的防御体系。为了克服对自我暴露的恐惧，患者会建立起相对应的防御，但是这些防御体系反而会让人走向水火不容的一个极端，并成为其性格结构的一部分。一方面，患者想回避开任何对自己造成考验的情景，如果实在无法躲过，他就收敛锋芒，严格自控，为自己戴上密不透风的面具。与之相反的一面，是一种潜意识的对策，他会努力变得毫无瑕疵，没有短处可露，这样就不用担心被人揭短。后一种方法带有防御性质，但也是攻击型人格常用的伪装手段，他们会用此迷惑那些他们想要利用的人。对这种人的任何质疑，都会遭到狡猾的反击。当然，这里指的是已公开表现出虐待倾向的人，在后面的章节我们会看到，这一特征与患者的性格结构结合得是多么紧密。

想理解患者为什么对自我暴露如此恐惧，先要回答下面两个问题：一，患者害怕暴露的到底是什么？二，一旦患者真的暴露，哪些后果是他难以接受的？第一个问题的答案，我们已经在前面得出。而想要解答第二个问题，我们必须谈到一种恐惧，它发源于患者的自我保护，其内容包括轻视、侮辱和嘲笑。防御体系的不稳定，让患者害怕平衡被打破；无意识地自欺欺人，让患者害怕自己被人识破；受伤的自尊心，让患者害怕遭受屈辱。前面的章节实际上已经触及这些问题了。构筑理想化形象也好，外化作用也罢，都是患者在努力修补受伤的自尊心，然而正如我们之前说过的那样，这两种方法却加剧了自尊心的受损。

假设我们以全局性的眼光，去观察自尊心在神经症发展过程中的变化，会发现自尊心的变化就像是坐跷跷板。其中的一组呈现出：真实的自尊不断降低，虚假的自傲随之增加——患者为自己如此优秀、进取、独特和全知全能而无比骄傲。另外一组的情况则是：患者过度地仰视他人，不断矮化自己。在压抑、封闭、理想化形象和外化作用的共同影响下，他逐渐地看不到自己了，甚至感觉自己已经变成了一团影子，轻飘飘的，毫无重量。同时，他仍然需要他人，也仍然害怕他人，但是这种与他人的病态连接，却让别人在他眼中更加坚不可摧，也更加必不可缺。他的重心从自己迁移到了别人身上，把本来属于自己的权力拱手相让，心甘情愿成为别人的附属品。而结果就是，他会对别人的评价特别重视，对自己的想法反而漠不关心，并且认为别人是权威的，不容置疑的。

究竟是什么导致了神经症患者在嘲笑、蔑视和羞辱面前如此不堪一击？上述的各组过程共同解释了其中的原因。这些过程，已经成了每位神经症患者的一部分，一旦触碰到这一部分，他们就会尤其敏感。如果我们认识到他们对于被轻视的恐惧，其背后存在多少种根源，我们就会看到，想要摆脱这种恐惧，哪怕只是减轻这种恐惧，都不是轻而易举的事情。只有神经症的整体状况缓和了，这种恐惧才会相应地缓解。最常见的情况是，他们会因为恐惧而拒人于千里之外，并对所有人充满敌意。而更加严重的是，这种恐惧会破坏他们的理想，让其变成空虚软弱的人，随着恐惧渐深，他们会羽翼尽断。他们不敢对生活有所期许；不敢为自己制定较高的目标；不敢和比自己强的人有交集；即使很有见地，也不敢说出自己的想法；即使才能不凡，也不敢发挥创造力；不敢展现自己的魅力、感染力；不敢去争取更好的工作机会，如此种种。即使他们偶尔有这方面的冲动，但一想到可能会受到别人的奚落，就马上掐灭了心中的火苗，躲在自尊与内敛的面具后避难。

有种恐惧比我们上面说到的那些恐惧还要难以察觉。这种恐惧可以被看作是以上所有恐惧，以及神经症发展过程中衍生出的各种恐惧的综合体，即恐惧对自身做出任何改变。患者对于这种恐惧，通常会采取两种截然不同的态度。一种是假装没看见，期待问题能在某天奇迹般地自我消失；另一种是急于改变，甚至还没弄清问题是怎么回事。在第一种态度里，他们的内心特点是：只要大概知道问题所在，或只要承认自己意志薄弱，问题就解决了；但是一想到"要先改变自己的态度和动机，才能真正做回自己"是个必经过程，他们就惊慌失措；他们也知道这样的改变很有必要，但是会无意识地拒绝。与第一种态度相反，第二种态度里，他们的内心特点是：患者出于无意识的自我欺骗，会声称自己已经有了改变。之所以会这样，是因为他们无法接受不完美的自己，想当然地认为自己无须改变；另一方面是他们认定自己无所不能，只要在脑中有过消除麻烦的念头，麻烦就能真的消失不见。

在这一类的恐惧背后，是患者对于每况愈下的担忧。他们害怕一旦理想化形象被破坏，自己就会变成曾经唾弃的样子；

害怕自己成为和别人一样的平庸之辈；害怕治疗会让他们的内心土崩瓦解，只剩一具空壳；害怕任何未知的东西，害怕不得不放弃业已获得的安全感和满足感，尤其难以割舍饮鸩止渴时得到的心理安慰；最后，他们害怕自己根本没有能力去改变。最后的这种恐惧，当我们讨论神经症患者的绝望体验时，能被更好地理解。

以上这一切的恐惧，都源于冲突未能得到解决。恐惧让我们不敢面对真正的自我，但我们必须勇敢地面对恐惧，才能获得完整的人格，从而实现自我整合。恐惧是炼狱，但却是我们救赎之路上必经的磨炼。

第十章　人格的萎缩

想知道尚未解决的冲突会带来什么后果，就等于进入一片看不到边界的无人区。我们似乎应该先讨论一下患者表现出的症状，比如酗酒、抑郁、癫痫和精神分裂，以便更好理解他们受到的困扰。但是我更愿意带着疑问，从一个更广阔也更普遍的视角切入，这个疑问就是：尚未解决的冲突，会对我们的精力、人格完整和人生幸福，产生出怎样的影响？想知道具体的症状，我们必须先对表现出这些症状的人做深入了解。现代精神病领域有种倾向：总想用一种简单方便的理论，去解释所有发现了的，和未被发现的症状。从临床需求上说，这么想算得上合情，但哪怕只从可行性上来说，这么做也并不合理，就更别提从科学层面来看了。这就如同一位工程师，懒得打地基，却想直接就建起参天大厦。

我们在前面已经提到过一些相关因素，这里只需要更详细地描述一下。还有一些因素之前讨论得比较隐晦，这里需要做进一步的补充。我们的目的，不是让读者只有些模糊的概念，比如只知道尚未解决的冲突是有害的，我们还需要给读者一幅清晰的全景图，让他们知道冲突会给人格带来怎样的浩劫。

患者之所以会带着冲突生活，任凭其消耗自己的生命力，既是因为冲突本身，也是因为他为解决冲突而做出的挣扎。一个处于分裂中的人，是不会将精力只集中在一件事情上的，他会企图同时实现两个或两个以上不能兼得的目标。他或者分散自己的精力，或者浪费自己的努力，或者就像皮尔·金特一样，凭借理想化形象而自认为比别人优秀，能处理好一切。我的一位女性患者就中毒颇深，她想做一个完美的贤妻良母，又想形象体面地出现在社交场合，甚至成为叱咤风云的政界女强人，同时，如果能多点艳遇就更好了。不出意料，她的期望都落空了。哪怕她真的天赋不凡，但是付出的精力也只能是白费，因为没人能真的万事精通。

还有一种更常见的情况，那就是虽然只设定了一个目标，但是因为动机互相矛盾，所以目标同样不能实现。一个人想做别人的知己，却又喜欢对人发号施令，让别人必须听命于他，这样一来，他的愿望必然无法实现。一位父亲希望自己的孩子出类拔萃，但是他又很喜欢滥用家长的威权，并且非常固执，所以他也无法达成目标。一个人想写一本书，可是他只要一开始写作就头疼欲裂、身体疲软，特别是在自己词穷的时候。在最后的这个例子里，是理想化形象在作祟：患者认为自己如果真的有写作天赋，灵感一定会倾泻而出。正因如此，当他写不出东西时，就会对自己动怒。他还会认为，自己虽然挺有想法，但难保别人不会和自己观点相同，因此要想完胜对方，让人们都只倾慕自己，就必须写出一篇精彩绝伦的文章。然而，他心中对于自己的能力也是顾虑重重，他把自卑感外化了，因此，他很担心自己会遭到嘲讽。而这一切的结果就是：他无法进行正常的思考，即使真的有些创作的火花，也难以形成文字。另外，还有一个人，他有很强的组织能力，但他同时又有着特别强的虐待倾向，和其他人总是水火不容。只要我们留意一下身边的人，就能看到无数和上述案例类似的事情，所以在这里我就不再赘述。

　　神经症患者的思维普遍是不清晰的，但也有个明显的特例。有时候，他们会表现出一种非凡的专注力，比如为了实现某个目标，男性可以牺牲一切，包括自尊；为了爱情，女性可以牺牲所有；为了孩子有出息，父母可以把一切精力都花在孩子身上。这些人给人的印象是专心致志的，但就像我们之前所说的那样，这份专注只是他们用来解决冲突的幻术。这样表面上的专心无二，不代表人格的完整统一，反而更有可能是绝望的体现。

相互冲突的渴求和倾向，不是唯一分散并消耗精力的因素，患者的防御体系中有太多因素都会造成同样的后果。当他们对基本冲突进行压制的时候，人格的一部分也就被遮挡住了，虽然被遮挡起来的人格不容易辨识，却依然很活跃，足以影响他们的言行和想法。原本，他们有很多精力可以用来树立信心、与人为善、精诚合作，但却都被消耗在了压制冲突上。我们还要提到另外一种因素，那就是自我隔离，它卸去了患者前进的动力。虽然他们也能完成工作，甚至在外部压力下付出更多努力，但是一旦需要他自己应付局面，就立刻束手无策了。他们大量的创造力都被白白浪费了，在工作之外的场合他们难有成就，就更别提从中体会乐趣了。

对于大多数患者来说，如此多的因素交织在一起，形成了一张不断扩张的网，对人格造成极大的压抑和束缚。想要了解并消除这种压抑，我们需要对压抑进行反复论证，从我们已经描述过的所有角度去解决它。

如果真的存在尚未解决的冲突，通常会导致三方面的紊乱，它们都会让患者的精力被消耗，或是用在不该用的地方。其一，是优柔寡断。这种失调随时都可能体现出来，而且与事情的大小无关，患者会一直处在犹豫的状态中：点这道菜还是那道菜？买这只箱子还是另一只？是看电影还是听广播？这些小事都能让他为难不已。而至于应该选择什么职业，得到工作之后又该怎么做；两个女人中到底选哪一个；是赶紧离婚还是拖一拖再看。以上这些问题中的任何一个摆在患者眼前，都会激发出他心中的巨大不安，让他身心疲倦。

这类人会故意逃避选择，所以他们的优柔寡断未必能被察觉。他们会刻意躲开那些会牵扯到选择的场合，解决问题时也一拖再拖。他们允许自己错过机会，或者更愿意把选择权交给别人。他们会故意混淆一些事实，以便让事情变得无法做出决定。他们往往意识不到自己的茫然，却能有意地掩饰自己优柔寡断的一面，比如在治疗时，会对这方面的问题绝口不提，所以治疗师是听不到他们在这方面的抱怨的，这是治疗中一种很常见的阻碍。

第二种耗费精力的紊乱是：办事低效。我这里所说的低效率，并不是因为缺乏专业水准或不够熟练而导致的低效率。威廉·詹姆斯在他的论文中描述过一种没被开发的潜能：当人们殚精竭虑却依然不放弃，面对外界压力仍然坚持己见，潜能就会得到最大的激发。我们这里所说的低效率，显然不是开发潜能造成的，而是指因为内心冲突导致能力无从发挥，办事毫无效率。就好像是踩着刹车的同时去踩油门，汽车自然难以前进。他们的行为总是迟缓的，但无论是根据他们的能力，还是工作的艰巨程度，都不该是这种效率。他们并不是不想尽力，相反地，他们常需要付出超越别人的努力。比如，他们需要花费几个小时才能完成一份简单的报告，或者掌握一项简单的操作。形成障碍的原因有很多种，比如下意识反抗那些让他们感到压力很大的事；比如纠结于每一个细节是否完美；比如当自己的表现不尽如人意时，就会很恼火——就像前面说到的那个例子一样。节奏缓慢只是低效率的表现之一，常见的还有健忘和笨拙。一位主妇或一位保姆，如果一直认为自己不该做家务劳动这么低贱的事，那么自然无法打理好工作。而抱有这种想法的人，在其他事情上也通常很低效。从主观上讲，在一个扭曲的状态下工作，人更容易感到疲惫，因而也必然需要更多的休息。内心冲突的人，必然要付出额外的精力去应付工作，而被踩住刹车的车注定开不快。

效率低下和内心压抑不仅会时时爆发于工作中，人际关系也会受到影响。如果某人去结交一个人，但是内心又认为这是在曲迎奉承，肯定会出现一种怪异的人际关系；如果他想要请求别人给自己一样东西，但又觉得应该理直气壮地索取，就会表现得没有礼貌；如果他想要坚决维护自己，却又想顺从别人，就会左右踌躇；如果他想要和人亲近，却又怕遭到拒绝，就会胆怯害羞；如果他想保持性关系，却又看不起自己的性伴侣，就会表现出冷漠，如此事例不一而足。一个人身上隐藏的冲突越多，就越难以正常生活。

有些人能意识到内心的扭曲，但通常也只有扭曲严重到一定程度时，才能感知到。而对于扭曲造成的疲惫，他们往往会认为是来自别的事情，比如身体健康状况不好，缺少休息，工作压力大等。这些确实也是造成人们疲惫的原因，却不是主要的原因。

第三种耗费精力的紊乱是：普遍性懈怠。这一类患者被内心的冲突拖累得苦不堪言，无力做事，常常责怪自己太懒惰，但这并不意味着他们真的认为自己很懒惰，更不意味着他们开始反省自己。相反，他们对任何努力都很排斥，能够将其合理化，为自己的懒惰做出辩解。他们认为自己是计划的核心，只负责大略方案的制定就行，具体的执行应该是别人的任务。他们对努力的排斥，甚至到了恐惧的程度，害怕自己的努力得不到好的结果。如果我们看到他们总是被疲惫所困，就能理解恐惧给他们造成的影响，但如果治疗师只从表面解读患者的疲惫，那么他的治疗只能让疲惫更严重。

神经症懈怠，意味着患者的主动性和行动能力都陷入了瘫痪。导致这一结果的原因，通常是由于他们严重的自我隔离，以及对于生活方向的迷失。长久以来的内心压抑，并对任何努力持否定态度，导致他们的状态总是死气沉沉，即使偶尔有激情萌动，也只是转瞬即逝。理想化形象和虐待倾向，是他们的病因所在。由于理想化形象，他们不屑于像别人那样服从努力，认为这种过程太平庸了，和自己的理想化形象差距太大，他们宁肯只在幻想中做个精英，也不肯去行动。理想化形象带来了自信，而这份自信禁不起自卑的腐蚀，他们觉得自己做不成什么有意义的事，于是把关于工作的兴趣和激情干脆埋葬掉。虐待倾向之下，患者会在面对所有具有攻击性的事物时畏缩不前，尤其是在虐待倾向被压抑（表现为倒错型虐待倾向）的时候最为明显。他们会以激烈的方式去修正自己的错误，但因为用力过猛，最后反而会让精神更加萎靡。普遍性懈怠影响力之巨大，不仅体现在他们的言行上，还包括情绪。只要内心的冲突一天没有解决，精力就会被持续地浪费。从本质上说，神经症是特定文化的产物，因此，它对人们品质和潜能的损害，实际也是对特定文化的控告。

当患者的冲突尚未解决时，不仅会精力分散，还会导致道德观的分裂。这里所说的道德观，包括道德准则和足以影响人际关系与自身发展的态度、感受和行为。精力分散会造成精力的浪费，同理，道德观的分裂也会让道德体系出现巨大的缺失。这种缺失来源于他们向着几种矛盾的方向共同发力，还来源于他们对于这种矛盾的极力掩饰。

道德观一旦自相矛盾，还会荼毒到基本冲突中。当然，患者会极力协调，但负面影响还是不可避免。换个角度说，他们从来就没对哪种道德观认真对待过。理想化形象虽然有真实的成分，但归根结底不过是幻想，无论是患者，还是缺乏经验的治疗师，想一眼看穿这里面的虚假之处，并不会比辨认出一张假支票来得轻松。和前面说过的一样，神经症患者之所以会对自己的"过失"感到自责，是因为他们坚信自己追求的是真正的理想。也正因此，他们在努力向目标靠拢时，才会表现得那么尽心尽力。他们还可能为自己的所谓理想与价值观而自我感动。之所以我强调是所谓理想，是因为那些理想对于患者的生活毫无约束力，只有当他们觉得这么做很简单，或对自己有好处的时候，才会遵守，这之后就弃之如敝屣。我们在讨论盲区和区隔化的时候，见过类似的例子。与之相反，那些拥有真正理想的人们绝不会轻易放弃理想。有一位患者坚信自己追求的就是真正的理想，可实际上，遇到一丁点诱惑后，他就会马上背叛了自己的追求。

当道德遭到破坏，首当其冲的表现就是真诚流失，而虚伪自私的一面却在增长。禅宗著作中认为：真诚的人必然内心完整。之所以分享这一点，是因为与我们临床治疗的结论如出一辙：内心分裂的人，不可能完全真诚。

弟子：听说狮子在捕捉猎物时，不管是一只兔子还是一头象，都会用尽全力，您可否告诉我，这究竟是种什么力量。

师傅：这是真诚的力量，即不欺骗的力量。

真诚等于不欺，就是我们常说的"全心投入，不遗余力"，不浪费一分力，也不节省一分力，真实不容虚假。能这样生活的人，就如同金毛雄狮，象征着威武、真诚、专心无二。这样的人，就是圣人。

　　虚伪自私是属于道德范畴，意味着希望别人服从于自己的需要。患者并不认为别人是和他拥有同等权力，而只把对方当成可供自己利用的工具。他讨好或喜欢一个人，是为了缓解自己的焦虑；与人为善，是为了让自我感觉更加良好；对人苛责，是觉得自己不该承担任何责任；打击别人，是因为要显示自己的成功。

　　这些损害具体到每位患者身上，都表现得不尽相同。我这里只需要对它们进行系统的概述，而不用做详尽的解读，因为那太艰巨且意义甚微。我们目前还没有探讨过虐待倾向，后面的章节就会提到，因为虐待倾向一直被视为是神经症的最后阶段。无论神经症的发展过程有多不同，它们都明显表现出了一个共同因素：无意识的虚假。下面，就是一些无意识虚假的特征。

　　虚假的爱。这里面包含着人们丰富的感受和渴望，也包含着一些人以为是爱的主观感受，其种类特别复杂，以至于让人惊叹。有些患者需要爱，是因为他们认定自己空虚而脆弱，不能独立生活，所以将希望寄托在别人身上，把寄生式的渴望和生活误认为是爱。有些患者需要爱，是因为自己具有攻击倾向，爱能满足他们控制他人的欲望，还让他们通过对方获得成就、威望和权力。有些患者需要爱，是因为想体验征服、战胜另一个人的感觉，或者是因为要融入对方的生活，以此来过上自己理想的生活，甚至不惜用虐待手段达成目标。有些患者需要爱，是因为他们需要别人的赞美，以便坚信自己符合理想化形象。在我们的文明影响下，爱很少能再与温暖和真诚产生关联，反倒处处都是关于控制、背叛的例子。于是我们认为：爱总是与怨恨、冷漠、鄙视、寄生和控制形影不离。实际上，爱的本质从来就没有改变，上面那些感受和倾向都是虚假的爱，注定经不起时间的考验。虚假的爱不仅会出现在夫妻关系中，还会出现在父母与孩子的关系中，以及朋友关系中。

虚假的善。和虚假的爱类似，患者也会出现虚假的无私和悲天悯人，这通常出现在服从型人格的身上。而一旦有了理想化形象的参与，他们的攻击倾向会越发受到压制，这种善的虚假程度就更加严重了。

虚假的爱好与学识。对于那些不习惯生活中存在情感，认为只凭理智和严格自控就能活得很好的人们来说，这种假象特别明显。这类人喜欢假装自己无所不知，无所不能，假装对一切都很有求知欲。这种虚假还会以比较隐晦的方式在另一种人身上出现，这些人自认为已经为了事业殚精竭虑，却没发现自己的兴趣只是出于功利性，是自己获得成功、权力或物质的铺路石。

虚假的真诚和公平。攻击型人格身上这种虚假最常见，尤其是当他们虐待倾向发作的时候。他们能洞察到别人虚假的爱与善，并坚信自己不是那样的人，坚信自己的慷慨和真诚，坚信自己对国家的热爱毫无虚假，不掺杂质。但实际上，他们只是虚假的地方不一样罢了。这类人之所以攻击大众的观点，或许是因为他们想要表达出对于传统价值观的否定。这种否定未必代表他们真的强大，只不过满足了他们击败别人的愿望。他的"坦率真诚"是出于嘲弄和羞辱他人的目的；他们嘴上所说的"公平公正"，实际上是为了达到个人的目的。

虚假的痛苦。对于这种现象，很多观点都说得很含糊，因此我们有必要展开细致的讨论。大部分人和弗洛伊德理论的支持者一样，认为神经症患者需要被虐待的感觉，需要担忧和焦虑，需要被严厉对待甚至是惩罚，并且有许多众所周知的数据支持神经症患者"需要痛苦"这一观点。但"需要"这个字眼真的太过残忍了，那些坚信这一理论的人们忘记了一点，即患者实际的痛苦，要比他们意识到的痛苦多得多，就算是这些能意识到的痛苦，也往往只有在开始治疗后才能发现。而且人们还忽视了一点：只要冲突尚未解决，痛苦就无可避免，这完全无法靠意志力而改变。换言之，神经症患者并不是主动"需要痛苦"，而是他们不得不承受。但凡是神经症患者，其人格的崩坏都并非是自己故意为之，而是被动承受。正常情况下，人们会对左脸挨了一耳光后还送上右脸的举动感到羞耻，但出于对攻击倾向的恐惧，神经症患者会走向另一个极端，逼着自己接受类似的虐待。

神经症患者还有一种倾向，那就是喜欢放大自己的痛苦和不幸。他们炫耀和展示自己的痛苦，可能是想借此吸引眼球，或求得别人的原谅，或无意识地借机达到利用他人的目的，也可能是对自我压抑的一种反弹式报复，想以这种方式惩罚别人。鉴于患者心中的理想化形象，痛苦很可能是他们达成某个目标的唯一手段。除此之外，患者还会给自己的痛苦找些蹩脚的原因，把痛苦归咎于外因，以制造出一种无辜的假象。尽管有时候他们可能承认自己的"过失"，并为此闷闷不乐，显得很痛苦，但他们真实的痛苦来源，则在于他们理想化形象与真实自我的断裂。譬如，在一段感情关系结束后，患者总会觉得天塌地陷，并认为这是自己深情的表现，实际上他是无法忍受一个人的生活，内心因分裂而煎熬。之所以说患者的痛苦是虚假的，是因为他们常常把愤怒当成了痛苦。例如，一位女性因为恋人没有按时给她写信而痛苦不堪，而她内心的真实感受其实是愤怒，因为她觉得自己理应事事顺心，哪怕遭遇一丁点的忽视和冷漠都是莫大的耻辱。在这里，她不愿意承认自己的愤怒，更不愿承认愤怒背后的神经症倾向，于是只能体会着虚假的痛苦，并把痛苦反复强调，用以遮掩自己在人际关系中的虚假。通过上面这个例子，可以看到，所有神经症患者都不会主动"需要痛苦"，他们所表现出来的痛苦，只是以无意识的方式"捏造"出来的。

　　无意识虚假还会导致无意识自大，给患者带来损害。前面我说过，患者会把自己不具备或者只具备一丁点的特质，看作是自己已经完全拥有的，并且依仗这一点控制别人。所有的神经症中的狂妄自大，都是无意识的，患者察觉不到自己的要求是多么的无理。不过，在这里，我们并不想去分析有意识自大与无意识自大，而是要弄清楚显而易见的自大与潜伏在谦虚背后的自大之间的区别。这两种自大的区别不在自大的程度，而在攻击性的强弱。在第一种自大中，一个人会理直气壮要求享受特权；而在第二种自大中，他会期待别人主动授予他特权，

如果希望落空，就会深受伤害。两者的共同点是，他们都缺乏
真诚，不能在口头和心里承认人类，尤其是自己存在着局限性
和缺陷。根据我的经验，他们都不希望听到自己有缺陷，也不
愿意去思考这个问题。这一点在潜伏性自大的人身上，体现得
更为明显。他宁肯因为过失而过度自责，也不愿承认"我所知
甚少"。他宁肯认为自己粗心大意，也不愿承认，人不可能永
远保持良好状态。判断某人是否有潜伏性自大，要看他在自责
（包括随后的道歉）与愤怒（对于批评或藐视的不满）之间是
否有明显的矛盾。因为过分谦虚的人会将这些感受掩饰起来，
必须经过细致入微的观察，才能发现这些"被伤害"的感受。
这类人尽管表面上谦虚，会自嘲，会称赞别人，但内心很可能
与明显自大的人一样苛刻，批评他人时不留余地，只有他人符
合自己的理想标准才算完美，而这代表着，他无法尊重与接纳
别人真实的个性，以及别人的差异性。

　　神经症患者还有一个问题涉及道德，那就是立场不坚定，
并因此导致行为不确定。他常常会根据自己的主观需求对某
人、某事和某种观点做出评断，然后选边站队，而不是依据客
观事实。由于他的需求往往是相互矛盾的，所以他很容易改
变立场，结果就是，外界因素一旦改变，他的想法就会跟着改

变。改变他的因素有很多，比如感情、地位、名气、权力和所谓的自由。无论是患者与其他个体的关系，还是与群体的关系，都会出现这种情况。他通常无法确定自己对别人的感受和看法，一些毫无根据的流言都能让他的想法改变。而哪怕遭遇一丁点的失望、轻视，甚至只是他自认为的轻视，都能让他和别人恩断义绝。很小的困难，也能让他的热情马上消失，整个人变得无精打采。他的宗教、政见和学术观点，可能因为一场个人恩怨而改变。私下讨论时，他或许观点鲜明，但如果有权威人士或团体进行施压，他就会马上改变口径，他甚至都没意识到自己的观点已经变了，至于改变的原因就更搞不清了。

神经症患者对付这样的摇摆不定，采取的策略就是绝不第一个发表意见，他们会保持观望，这样就能随时倒向任何一边了。他会将自己的态度合理化，认为都是因为情况太复杂，或者觉得自己是为了维护公正。真正的公正，确实是一种宝贵的品质，而且，内心真正公正的人，确实有时会很难以抉择。但当"公正"变成理想化形象的一部分时，不仅会让人们的态度变得不再重要，还会让人以为自己是一个没有偏见的圣人。在这种情况下，人很容易将区别进行同质化，认为两种观点并不存在矛盾，或者认为针锋相对的双方都是正确的，完全可以和平共处。这是一种虚假的公正，会让患者无法透过现象看本质。

这一点在不同类型的患者身上，会呈现出很大的差异。在那些隔离型人格身上，因为他们和漩涡般的竞争与混乱的亲密关系，都保持着距离，所以无论是爱心还是野心，都无法撼动他们的立场，因此他们会表现得十分公正。不过，并非所有隔离型人格都有坚定的立场，他们有可能是厌恶参加争论，也可能是不愿意承认自己其实毫无立场，所以宁愿跟着别人去判断好与坏、有用与无用，而不是根据自己坚定的信念。

而攻击型人格，则推翻了我关于"神经症难以有自己的意见"的观点，他们会强有力地捍卫自己的主张，并且非常固执己见，当他们认定自己是正确的时候，表现尤为明显。然而这样的表象其实是有欺骗性的，因为这类人并不笃定自己观点的正确性，而是为了固执而固执。他们的观点通常都很刻板盲目，因为他们需要这样的观点压制住自己内心的疑虑。尽管如此，这类患者的观点也并非不能改变，会因为权力或成就的诱惑而松动。其可靠程度，取决于他们对名望和权力的渴求程度。

神经症对于责任的态度，让人完全摸不着头脑。责任的含义实在太广泛，它可以指人们出于良心而尽职尽责履行义务。神经症特定的性格结构，决定了他们是否能够负责。因此，在不同的神经症中，责任的表现也不同。对一些人来说，只要自己的行为对他人产生了影响，自己就要对此负责，但这也许只是个托词，好为自己支配别人找个理由。如果认为负责就意味着必须受到责备，那么这种负责很可能是种愤怒的情绪，这与真正的责任毫不相关，纯粹是患者因为自己不符合理想化形象而心生愤懑。

如果我们能认识到，为自己负责意味着什么，就能明白神经症患者为什么会在这方面如此困难。首先，那等于必须向自己和他人坦诚交代，自己的目的是什么，说过什么，做过什么，并且承担这一切带来的后果。而这无疑和那些欺骗与推卸责任的行为正好相反。也正因此，想让神经症患者对自己负责，真的是个难题，他们根本不知道自己做了什么，为什么要做，而且对于真相总是故意逃避。所以，他们会找各种借口推卸责任，比如否认、健忘、疏忽、错误解读或者是搞混了。他们总是会把自己刨除在错误之外，或者干脆认为自己没错，他们会认为错误是妻子、同事或治疗师造成的。除此以外，在理想化形象中，他们是无所不能的，自然不需要为任何结果负

责，甚至连后果是什么都看不清。由于这种理想化形象导致的
"全能感"，又衍生出来一种新的逃避责任的理由：自己可以为
所欲为，不用负任何责任。但是，当他们意识到自己并非无所
不能，必须为后果负责时，他们的幻想就会被击碎。最后还有
一种情况，神经症患者的思维中好像只有两个词——"错误"
和"惩罚"，一切思维活动似乎都围绕着这两个词而展开，即
他们仿佛有一种天生的缺陷——无法用因果关系进行思考。当
治疗师引导患者去面对自己的冲突和带来的后果时，几乎每个
人都会认为这是治疗师在谴责他们。除了在心理治疗时，其他
情景中他们也会经常感觉自己像罪犯一样，活在别人的怀疑和
攻击之下，他们随时准备开始一场反击。其实，这是患者将自
己的内心活动外化了。他们自己的理想化形象，让他们认定是
别人在怀疑他们、攻击他们，这种心理上的自我保护和戒备森
严，一旦被外化后，他们就不可能在涉及自己的问题上做到考
虑因果。但如果问题和自己无关，他们处理起来也能像别人一
样尊重事实。比如，如果天上下雨，他们是不会去把弄湿地面
的原因怪在别人身上的，而是会接受这样的偶然联系。

　　我们说的承担责任，意味着能够坚决捍卫自己认为正确的
东西，并且愿意在我们的行为和决定被证明有错时，承担下全

部后果。然而，当一个人的判断力因为内心冲突而分裂时，是很难做到负责的。由于在内心的所有冲突倾向中，并没有任何一种是他真正渴望或坚信的东西，他又怎么可能为了捍卫其中的一种挺身而出？患者愿意捍卫的只有自己的理想化形象，可理想化形象是不容有错的，又怎么会为其负责呢。因此，如果他感觉是自己错了，他会把责任怪罪到别人身上，这样一来，他就可以继续假装自己正确无误了。

　　为了更好地理解这一点，我们举个易懂的例子。某个领导者希望自己拥有最高的权力和声望。他希望不在场时，众人什么抉择都做不了，什么事都干不成；他认为自己是最棒的行家，即使是受过专业训练、在某方面业务精熟的人，也不会比他更能担此重任。他不希望他的同事和下属认为他们是重要的，或者是正在变得重要。他坚信是因为自己太忙，分身乏术，才让目标没能达成。然而这位领导者还想做个老好人，他不仅想控制他人，还想服从他人。因为冲突无法解决，他出现了我们之前描述过的一切症状：懈怠、困倦、犹豫、拖沓，这些症状让他无法安排自己的时间。他认为遵守约定是种让人窒息的约束，他喜欢不动声色地让别人等待自己。为了满足自己的虚荣心，他做了很多并非必须要做的事。最后，他希望在家中自己也能成为典范，而这自然又要花费他很多时间和精力。由于他对自己的毛病视若无睹，所以当他领导的团体出现问题时，他会将责任怪到其他人员身上，或说是外在环境阻碍了自己的发挥。

问题在于，他到底能为他人格中的哪一部分负责呢？为他的支配倾向，还是为他的服从倾向？实际上，他对这两种倾向都一无所知，并且因为两种倾向都会让他不由自主，所以即使他意识到了有两种倾向的存在，也无法做出选择。与此同时，他的理想化形象只允许他看到自己诸如满怀理想、能力无限这样的优点，对其他的则视而不见，选择性失明。所以，让他对冲突产生的结果负责，就等于让他把一直精心掩饰的、自欺欺人的东西都暴露给了别人。

神经症患者在无意识中，是不愿意对自己的行为及后果负责的。哪怕后果已经很明显了，他也能假装没看见。他因为无法消除自己内心的冲突，于是也会在无意识中固执地认为，自己无所不能，所以即使面对冲突也没关系。至于后果，他认为那是其他人该考虑的事，和自己没有关系。为了做到这一点，他必须不断回避对因果关系的认知。如果他愿意在这些问题上敞开心扉，会发现自己能从中获得巨大的益处，而此刻这些问题则成了证据，证明他的生活方式存在问题，虽然他对此展开了无意识的极力狡辩与应对，但也改变不了我们必须受到生活法则约束的现实——无论是在精神世界中，还是对于我们的身体。神经症患者只能看到或隐隐感觉到责任消极的一面，因此对于责任的整体，很难产生兴趣。尽管他在一开始并未看到，但日后迟早会明白：正是自己对于责任问题的回避，阻碍了他实现独立的热切愿望。他以为拒绝承担任何责任，能让自己保持独立性，然而承担责任，实际上才是获得内心自由的必备条件。

患者会在以下三种方法中任选其一，以避免发现自己的问题，并否认内心冲突是痛苦的来源。而通常患者会三管齐下。第一种是外化作用，患者会将一切外部事物，都当成自己痛苦的原因，比如食物、天气、健康、父母、伴侣、宿命等。他可能觉得自己是个无辜者，自己根本就没犯错，是因为命运不公才会让自己祸事临头，这些不公包括：感冒、生病、衰老、夫妻不和、亲子问题、得不到上司和同事的赞赏、面对死亡等等，简直太不公平了。这种想法无论是出于有意还是无意，都会让原本的错误加倍，因为它不仅对自己的责任视而不见，推脱得干干净净，同时，也看不见那些不应该由他负责，却会对他的生活产生影响的因素。第二种是以自我为中心，切断与别人的联系。这是隔离型人格最喜欢用的一种策略，他们只关注自己，以自我为中心，这使他们不会把自己看成是大链条上的一个小环节。他们认为自己在某时某地收获的好处是理所应当的，不愿将自己和别人联系起来，认为那些所有祸事都不该和自己扯上瓜葛。

第三种办法，是拒不承认因果关系。比如，如果患者感受到了抑郁与恐惧，会认为这些感受是从天而降。在他们看来，不好的结果是偶然事件，与自己无关，更不是自己的言行造成的。当然，这可能是因为他们对心理学不了解，或者是不懂得自我观察。我们可以发现，在临床治疗时，患者会极力否认任何的关联可能，即便是探讨一下都很排斥。他们要么是不相信存在因果关系，要么就是装没看到，要不然，就是认为治疗师是为了自己的脸面，而将责任推到自己身上，并不是真想帮他们解决问题。因此，即便患者知道自己懈怠的原因，也会拒不承认由此造成的后果：他们的懈怠不仅让治疗师无法正常推进工作，也让自己的工作和生活举步维艰。即使患者发现了自己的抗拒倾向，也不会将自己与人争执，和别人不喜欢自己的原因联系到这上面。他们会认为，内心的问题和生活中的麻烦是互不影响的两回事，他们用区隔化将内心的冲突和冲突的影响分隔开来，而这种分隔产生了一种后果：整体事物被分裂，人们只看局部，无视全局，只见树木，不见森林。

因为患者大多会将抗拒倾向及其不良影响掩盖起来，所以他们所否认的倾向到底造成了什么样的后果，有时连治疗师都很容易忽视掉。在治疗师的眼中，这种因果关系是很容易辨识出来的，而这也是治疗师的意义所在。如果患者没能意识到自己无视后果的现状，没搞清自己为什么这么做，那么，他们就不可能明白自己是如何影响了自己的生活。在临床分析中，最有力的治疗方式，就是引导患者看到后果的存在，让他们懂得，只有勇敢直面这一切，从内心进行改变，才能重新获得自由。

有人认为，身为治疗师，只关心患者的疾病和治疗就足矣，至于他们的道德如何，不是治疗师应该关注的范畴。然而，如果神经症患者连对自己的虚假、自私、自大、推卸责任等这些行为都不敢负责，他们难道还能建立起自己的道德体系？有人曾说，弗洛伊德的卓越功绩之一，就是抛弃了"道德"因素，然而在这里，我却再次召唤道德的归来。

这种摒弃道德的观点，曾被认为是科学态度，然而他的科学从何谈起？我们能够真正排除对人类行为的是非判断吗？当分析师决定什么需要分析，什么又不需要分析的时候，难道不是基于他自己的判断标准？如果判断的基础是过分主观或过分循规蹈矩，那么判断本身就存在了弊端。譬如，一位治疗师也许会认为男性花天酒地是正常的，而女性如果有绯闻，则要严肃分析；或者，如果治疗师个人认为纵欲放荡的生活是正常的，反而认为忠诚的男女该作为病例。事实上，判断分析什么，不分析什么，应该根据患者的具体情况来决定，发挥作用的是患者的态度，以及态度产生的影响是不是阻碍了他的发展，扰乱了他的人际关系。如果答案是肯定的，证明患者态度存在错误，应该进行分析。治疗师应该明确地向患者说明自己做出判断的理由，帮患者建立接受治疗的信心。

最后我想说，治疗师那种摒弃道德的观点，其实和患者思维中的错误如出一辙。即认为道德判断不会相同，每个人的道德判断都有差异，因此没有对错之分。然而却没看到，道德观是事实与结果相结合的产物。就拿神经症中的"自大"为例子吧，无论患者要不要为此负责，它确实存在。治疗师之所以认为自大问题是患者应该认识并攻克的问题，就是因为治疗师自己从学生阶段开始，就知道自大傲慢是缺点，而谦卑是美德，他的判断标准不正出自于此吗？也可能，治疗师的判断标准，是因为在他看来自大是对事实的背离，即使患者不对自大本身负责，也要对因为自大而产生的不良后果负责。而后果就在于，自大会阻碍患者正确认识自己，阻碍他获得正常的发展。此外，自大的人通常会不公正地对待别人，而自己也会被这种行为反噬——比如时常与别人发生矛盾，与别人的距离越来越远，这些都会让患者在神经症的沼泽中难以自拔。因为患者的一部分道德观来自他的神经症，又反过来加剧了神经症的发展，所以治疗师其实没有选择，必须对患者的道德问题持续关注。

第十一章 绝望

在内心冲突还没解决的情况下，神经症患者可以带着冲突，偶尔从他感兴趣的事中，获得短暂的愉悦。然而，这愉悦却少得可怜，并且还要受到诸多条件的限制。比如有些患者必须在以下情况才能愉悦：必须在自己独处的时候，必须和别人在一起的时候，必须在别人都不如自己的时候，必须在人们都称赞自己的时候。这些能让他们愉悦的条件，很多都是彼此矛盾的，这也注定他们的愉悦会越来越少。举例来说，一个人想让别人牵头做事，但同时又对自己不能做领导、只能看着别人出风头而耿耿于怀；一位女士为丈夫取得的成就而喜悦，但同时又对丈夫暗自嫉妒；还有位女士想举办一次聚会，但她要求每个细节都尽善尽美，于是还没到聚会的那天，她就已经精疲力竭了。神经症患者纵然一时获得了愉悦，但这种愉悦也是短暂而脆弱的，很容易被他自己的缺点，以及对缺点的恐惧击碎。

对于他们而言，生活不仅缺少快乐，哪怕是最普通的意外，也会让他们如临大敌。即便是很小的错误，也会引发他们的抑郁，因为他们认为犯错就等于自己毫无价值，所以不能允许自己犯错，可是他们又无法保证自己不犯错误，于是抑郁便成了常态。别人的评价，就算是客观的，他们也会寝食难安，内心充满焦虑。他们的不满足与不幸福，基本都源于自己的胡思乱想。

以上情况已经十分糟糕了，然而，神经症总会导致更糟的情况发生。如果心中尚有希望，人是可以忍耐痛苦的。然而，神经症内心冲突不断，很容易让他们陷入绝望。他们绝望的程度，和冲突的严重程度成正比。如果只看表面，这些人的生活也是按部就班，风平浪静，然而内心深处，却已经隐藏着绝望。比如男性患者会寄希望于自己脱离单身，或换个大房子，或换个顶头上司，或换个老婆，而让情况改善；而女性患者会寄希望于自己变成男人，或年龄比现在大些或小些，或个子比现在高些或矮些，而让一切变好。不能否认，有时那些让人不安的因素消失后，确实能起到一些效果。然而，因为这些期望本质上是内心冲突的外化，所以这些人最终很有可能比之前还要绝望。他们希望靠外界的一些改变来满足自己，但每一次外界的改变，都必定让他们在旧的不满得到满足后，又生出更多新的不满。

相比较而言，年轻人更愿意将希望寄托在外部因素上，所以对于年轻患者的分析，往往会比想象中困难。随着年岁渐长，一个又一个的希望破灭了，他们才愿意静下心来审视自己，反省自己才是不幸的根源。

尽管人们根本意识不到自己心中的绝望，却可以通过表现出的症状，来判断出绝望是否存在，及其强烈程度。有些挫折带给患者的绝望感过于强烈，且经久不散，远远超过了这些事件的正常影响范围。比如，患者青少年时期遭遇的失恋、朋友背叛、考试失利、被不合理地解雇等事件，会让他们陷入彻底的绝望。我们都迫切想知道，究竟是什么原因让他们反应得如此过激，但在诱因之外，我们总会发现，挫折本身会让人的绝望感变得更为严重。患者可能表现得很快乐，但内心很可能早就厌世了，充满了自杀和死亡的设想，就算没有采取行动，但这也证明患者已经深陷绝望。

绝望还可能以另一种面目出现，比如，玩世不恭、游戏人间、放纵轻狂，以一种一切都无所谓的态度去行事。另外，没有信心和勇气应对困难，也包含在这类绝望感中。这一类绝望，也正是弗洛伊德消极治疗反应的主要内容。深入分析，对患者而言虽然伴随着痛苦和煎熬，但却可能带来新的领悟，是一条很好的解决问题的出路，然而，这种深入也常常会让患者陷入沮丧和失望，不愿再为剖析和解决问题付出精力。表面上看，这似乎是患者缺乏克服困难的信心，但更深层的原因则是，他们认定即使克服了困难，也于事无补。在这样的情况下，一旦深层次的剖析让他们感到不安和恐惧时，他们就会对治疗师非常反感，怨声载道，说那些分析除了让他们感到害怕外，没有任何意义。此外，绝望还会表现为，喜欢算命，预测未来。患者执着于占卜等预言未来的方法，表面上，这是他们对挫折怀有恐惧和焦虑，而实际上则是他们对未来抱有悲观的态度。很多神经症患者，酷似希腊神话中的预言女神卡珊德拉，对于未来的预测都是灰暗的，几乎全是灾祸，没有光明。患者一味地凝视黑暗，无视光明，不管他们认为自己的预测多么理性，都证明其内心深处隐藏着强烈的绝望。

最后，慢性抑郁，也是绝望的一种体现。一般情况下，由于总是深藏不露，也不像抑郁症那样强烈，所以人们很容易忽视它。受这种抑郁状态折磨的人，可以正常生活，他们能获得快乐，也能享受其中，看上去很幸福。可是每天醒来后，他们都要花上好几个小时来说服自己勇敢面对新的一天。对于生活，他们没有过多抱怨，不会说"生活是一副枷锁，死才是解脱"，但由于他们已经丧失了热情和鲜活的感受，所以早就对生活心灰意冷了。虽然患者一般觉察不到绝望的根源，但却可以清晰地体会到绝望的感觉，那感觉就好像永远重复着世界末日。在对待生活方面，患者不再指望能发生任何美好的事，而只是被动忍耐自己遭遇的一切。他会认定命运天定，会认为生活本来就是悲剧，一切努力都是徒劳，而且会用哲学来自圆其说，让自己相信什么也改变不了。治疗师在第一次接触这类患者的时候，就能感觉到其身上的绝望。他们给人的印象很可能是过度任性，因为他们不愿意做出一点的让步，不愿意冒一点的险，一丁点代价也不愿意付。然而实际上，正是因为他们已经不奢望以让步来换取什么，所以也就不再愿意做出任何让步。这种态度不仅出现在治疗中，日常生活中也随处可见。他们不满意自己的处境，却又不愿意改变，哪怕是稍做努力就能改变的事情，他们也不会付出行动。他们已经因自己的绝望感变得瘫痪，再微小的困难也无法逾越。

有时候因为一句话，患者隐藏在心底的绝望就会显现出来。比如，治疗师鼓励患者，继续努力，就能解决某个问题，患者很可能回答："你不认为这事根本没戏吗？"当他们意识到自己的绝望时，会轻车熟路地将这一切归咎于外部因素，比如怪工作、怪婚姻，甚至怪政治局势，他们要说服自己，责任不在自己身上。但他们的绝望感并不是真的来源于这些外部因素。在他们的概念里，自己永远得不到快乐和自由，也不会取得任何成就，他们已经被抛弃了。

在《致死的疾病》一书中，索伦·克尔凯郭尔对此做了深刻的诠释，他说：一切绝望都源自对"做自己"不再抱有希望。每个时代的哲学家都在强调"做自己"是多么重要，强调"做自己"一旦受阻，便会产生出绝望，就连东方的禅宗也将"做自己"作为核心主题。在这里我引用现代学者约翰·麦克马雷的一句话："除了彻底地成为我们自己外，我们的存在没有别的意义。"

绝望的根源，是患者放弃解决冲突的希望，任凭自己的人格继续分裂。严重的神经症会让人处于这样的状态：患者感到自己就像是笼中鸟，被囚禁于冲突中，他做过不少尝试，可是每一次都以失败而告终，更糟糕的是，这些努力让他离真实的自我更遥远，他的绝望也因为一次次失败而越发加深。不管是因为他精力不足而无法同时兼顾那么多事情，还是因为他创造力不足而妨碍工作取得进展，总之，他觉得自己没有资格取得成功。这种情况可能出现在他的感情、婚姻和友谊上，并形成一个又一个打击。面对这样的一再打击，患者很容易丧失信心，就像是实验中的白鼠，虽然努力扑向笼子外面的食物，但无论重复多少次，依然会因为存在障碍而失败。

无法实现理想化形象，也会让患者感到绝望。在造成绝望的诸多原因中，这是否是最重要的一个我们无法肯定，但可以肯定的是，患者一旦意识到真实自我与理想化形象之间存在巨大的差距，就会立刻陷入深深的绝望。不能变得像想象中一样完美只是绝望的一部分原因，更重要的原因是由此而产生的自我否定和自我鄙视，他们会觉得无论是爱情还是事业，只要是他们想要得到的，就一定得不到。

还有一个原因，也能让患者感到绝望。他们在经历了种种失望之后，会渐渐忽视自我，甚至丧失自我，这让他们在生活中失去了改变的原动力。他们丧失的不仅是自信，还有作为健全人应该拥有的信念，于是开始自暴自弃，破罐破摔。这种态度虽然能被掩饰起来，但后果却非常严重，会造成一种精神上的死亡，人们对它的重视程度远远不够。正如克尔凯郭尔所说："尽管他颓丧绝望……他还是可以……继续凑合生活，起码表面上看起来像所有人一样，每天忙碌于各种大事小情，娶妻生子，争权夺利，捍卫尊严。没有谁会注意到，从更深刻的层面上说，他根本没有了自我。自我，是人们最不屑一顾的东西。让某个人认识自我，对他来说很可能会引发一场灾难，灾难的核心就在于，他或许早就丧失了自我。失去自我的时候谁都不会察觉，即使偶尔意识到，也会假装不知。比起失去一条胳膊、一条腿、一个妻子，或者是几分钱这样的事情，失去自我又算得了什么呢？"

　　根据长期的观察，我发现很多治疗师都不会认真看待患者的绝望，也无法采取有效的措施。我的一些同行看到患者的绝望后，有的视而不见，不把它当成一个问题来对待；有的大吃一惊，吓得不知所措，把"绝望"看成了无法战胜的怪兽，最后不得不放弃了治疗。治疗师的这种态度，对工作自然会造成不良影响，无论他的技术多么高明，想法多么创新，患者还是会认为，自己已经被对方放弃了。这种情况在生活中也能见到，比如，一个人如果对同伴的能力充满质疑，就肯定无法给出建设性的意见，也无法和对方成为朋友。

而有时，治疗师犯的错误则与上面情况相反，他们认为患者需要鼓励，于是一门心思鼓励患者，这种做法虽然有值得称赞之处，然而却无法解决问题。患者会因为那些鼓励，多少感谢治疗师的好意，但更多的则是感到厌烦，而且，认为治疗师没能帮上自己。患者的内心深处很清楚：绝望感并不是心情不好那么简单，只靠鼓励根本起不了作用。

为了能摆脱绝望，我们的首要任务，就是从上面那些描述中识别出绝望，以及绝望的程度。然后，我们必须认识到患者的绝望感正是来源于他内心的冲突。继而，治疗师务必要向患者解释清楚，如果现状无法好转，并且患者自身也不愿意做出改变，那么他的神经症就永远无法治愈。契诃夫的《樱桃园》中有一个场景，对这一问题做出了形象的说明。有个家庭濒临破产，他们因为要离开可爱的樱桃园而伤心不已。一位信奉实干的人，给了他们一个建议：在庄园某处修一些小房子，出租给别人。然而，这家人却因为教条刻板，无法接受这个建议，但是他们自己又想不出别的办法，只能在绝望中不停地问：难道真的没有人能帮助我们，给我们些建议吗？如果那位给出建议的人是一位治疗师，应该会说："你们确实面临一道难关，但真正让你们无法渡过难关的，正是你们自己的态度。如果你们真的愿意去改变一下自己的生活方式，就不会感到绝望了。"

治疗师对患者的信任程度，直接决定了他们是否可以摆脱冲突，将自己从困境中解救出来。在这个问题上，我和弗洛伊德的观点存在分歧。从弗洛伊德对人类未来的观点上，可以看出他的心理学和哲学本质上是悲观的。以悲观主义为基础建立起来的心理治疗理论，也必然是让人失望的。他认为人类在本能的驱使下，最多只能依靠"升华"来调整自己。人寻求私欲的"本我"，注定会在现实中受挫；而"自我"只能永远夹在"本我"与"超我"之间两头受气，徘徊挣扎，痛苦不堪。又因为"超我"的主要作用是压抑和摧毁"本我"的欲望，而"自我"除了被扯来扯去之外，毫无自由，所以真正的理想是根本不存在的；所谓实现自我的愿望，只是一种"自恋"；破坏才是人的本性，"死本能"会驱使人们或毁灭别人，或折磨自己。弗洛伊德的这些观点，不承认人们可以依靠积极正面的态度而改变，这也限制了他的治疗方法发挥潜在价值。与此相反，我深信，神经症中的强迫性倾向并不是与生俱来，而是因为人际关系的失调而出现的。随着人际关系的改善，这些倾向也必然可以发生改变，产生的冲突也必然能真正消除。当然，这并不是说我的治疗方法就没有局限性，要界定这些局限的内容，需要大量的工作，但关键的是，我认为，我们有充分的理由相信，彻底的改变是完全可能的。

为什么要重视并解决患者的绝望感呢？最重要的一点是，在处理一些特殊情况，比如抑郁、自杀等问题时，这种方法可以发挥极大的作用。想要治愈抑郁症患者，不能先去触及他的普遍性绝望感，而是一定要先让患者把正折磨他的那些冲突表现出来。当然，如果想根治抑郁症问题，触及绝望感是一个必需的步骤，只有这样，才能找到抑郁的根源。如果我们不追根刨底，也就无法治愈隐藏较深的慢性抑郁。

对有自杀倾向的患者，也要这样处理。有很多因素都能让人产生自杀的冲动，比如遭遇严重的鄙视、报复、绝望等。但如果等到这些冲动都露出苗头后，再去防范自杀，未免为时已晚。如果治疗师能对患者不动声色的绝望迹象重视起来，加倍留言，并在恰当的时候，与患者一起就这些问题进行讨论和分析，那么，就能有效地避免很多自杀事件发生。

一个具有普遍意义的现实是，患者的绝望感，会严重阻碍严重神经症的治愈。弗洛伊德把一切妨碍患者好转的东西，都称作"阻抗"。然而我们不该把"绝望"归为这类。在分析过程中，阻碍与促进——也就是阻力与推力的相互作用，是我们必须研究清楚的。阻抗代表患者的内心想要保持现状。而患者的动力是一种发自内心的力量，是一种能促使他克服阻力，重建内心，重获自由的能量。没有动力，我们寸步难行，而想要克服阻力，靠的正是对动力的运用。动力攻克阻力的过程，也正是治疗师了解患者的机会。动力带给患者的力量是由内而外的，可以让患者由此承受成熟过程中必须经历的痛苦。动力给了人以冒险的勇气，敢于放弃曾给自己带来安全感的态度，而纵身进入未知的、新的态度中。这个过程，不能靠治疗师推着患者完成，必须是患者自觉自愿地想要去做。而正是因为患者的绝望感，让这宝贵的动力一度瘫痪。所以，这种动力必须被治疗师看到并予以合理引导，否则，便等于在治疗神经症的时候，无视自己最得力的助手。

解释问题不等于解决问题，患者的绝望感，不是通过解释清楚就可以解决的。如果能消除患者的宿命感，激发他改变现状的自信和决心，并让他认识到绝望是一个必须面对的问题，而面对，就一定能将其解决，并从绝望中脱身，那么他们就拥有了改变的动力，取得了实质性的突破。当然，这个过程肯定不会一帆风顺，必然还要经历起伏和挫折，比如当患者有了些积极的收获后，会变得极其乐观，甚至盲目乐观，但当他们面对更大的难题时，则又会再次陷入绝望，旧病复发。不过，尽管患者会一再经历这样的起伏，但是由于他们认识到了自己是可以做出改变的，所以，他们的动力会越来越强，而绝望带来的负面影响也必然会越来越弱。在治疗的一开始，这种动力或许只局限在一些小愿望上，也就是患者想摆脱让自己不安的症状，但随着患者对自身所受约束的认识加深，挣脱桎梏享受到的自由和快乐越多，这种动力也就越来越强。

第十二章　虐待倾向

当神经症患者陷入绝望之井后，会进行各种各样的尝试，以便让自己强撑下去。如果他的创造力没有被摧毁殆尽，他会将精力用在能让他收获成就感的事情上，并以此来应对残酷的生活。他或许会投身宗教活动，或许会忙碌于某项集体活动。虽然他不会投入太多热情，但也不会对工作造成破坏，所以他所做的事，还是有价值的。

还有些人，为了适应特定的生活模式，放弃求索，不再赋予生活意义，只是麻木地尽到自己的责任。对于这样的生活，约翰·马昆德在《时间太少》这本小说中有过描述。埃利希·弗洛姆也将这种状态与神经症做了区分，他将其描述为"有缺陷"的状态。但在我看来，正是神经症造就了这种状态。

还有些患者将自己边缘化，放弃人生抱负，以及生命中的

大事，只想撤退到生活的边缘，蹭得一星半点的乐趣。他可能
会从某个嗜好或者偶尔的享乐中，暂时满足自己的渴求，比如
吃饭、酗酒、穿戴，或者在性生活上放纵。他已经无法从稳定
的事情中获得成就感，只能寻找短暂的刺激，随波逐流，最终
消磨掉对于生活的全部期待。嗜酒如命，就是这类患者较为严
重的表现，查尔斯·杰克逊在那本著名的《失去的周末》中，
对此描写得十分到位。我们或许可以探讨这样一种可能：患者
这种无意识的精神垮塌，会不会在生理上造成恶果，比如患上
肺结核与癌症这类慢性疾病？

　　绝望的结果，会导致患者破坏欲和攻击性的增强，为了在
心理上获得补偿，他们会假装生活一切如常，却无意识地虐待
别人。我认为，这就是虐待倾向的心理机制。

　　弗洛伊德把虐待倾向视为人的本能，因此，很多治疗师将
重点放在了"倒错虐待"上。治疗师的确看到了患者日常生活
中表现出的虐待倾向，但却没做严格的区分，就将一切自我肯
定的行为或攻击他人的行为，都视为是虐待倾向这一本能的变
形或升华。就拿追逐权力来说，这确实可能是虐待倾向的暴
露，但如果它的前提条件是为了生存而竞争，就与神经症没有
关系。如果在分析过程中，缺少精准的区分，就不知道什么是

虐待倾向，什么又不是，只能完全靠个人的感觉，而这是无法帮助我们进行观察的。

比如，仅仅凭借"伤害别人"这种行为，是无法判断一个人是否有虐待倾向的。当一个人处于大范围的斗争环境中时，有时不仅要伤害敌人，甚至还有可能要伤害队友。对于他人的敌意，他不过是采取了被动还击。一个人在感到自己受了惊吓或伤害的时候，是想要加倍奉还的，尽管从客观上说这种还击可能是过激的，但主观上，他会认为这种还击理所应当。但是，很多时候，我们也容易被蒙蔽，因为"理所应当"也可以作为幌子，掩盖住真正的虐待倾向。虽然想将这二者泾渭分明地区分开确实很难，但却不能因此否认正当还击反应的存在。还有一些攻击型人格长期处于战斗状态，但他认为这是生存所迫，我不准备将这种行为也放在虐待的范围内。尽管受攻击的人确实被伤害了，但伤害并不是行为的目的，只是战斗衍生出的结果。简单说，他的攻击行为虽然也有敌对性质，但是施加者并不是为了从伤害别人中得到满足，其初衷也不是为了满足自己变态的心理需求。

作为对比，接下来我们研究一些常见的虐待心态。那些对虐待倾向不加掩饰的人，尽管并没意识到自己正携带着这种倾向，却依然能给我们提供清晰的范本。在下文中，如果我说到了"虐待狂"，那说的就是那种对别人有着显著虐待心态的人。

这类人对奴役别人，有着强烈的需求，尤其表现在奴役自己的伴侣上。他和被奴役的一方，就像是主人和奴隶，他会挑选一个毫无理想、感情麻木、习惯被动的人，而且对于主人从无要求。患者会按照自己的意愿对受虐者的整个人格进行塑造和调教，这也是他虐待倾向的表现，就像希金斯教授塑造伊丽莎那样*，本质上就是一种虐待行为。有些时候，这种塑造也能发挥出建设性的作用，比如父母教育孩子，教师教育学生等，当施虐者比对方更为成熟的时候，甚至可以在性关系中起到积极影响。在同性恋中，如果双方存在一定年龄差，这种施虐和受虐关系也会起到积极的作用。话虽如此，但只要处于"奴隶"的一方发现了自己的兴趣，或者开始自己结交朋友，甚至想自己成长的时候，另一方就会显露出丑恶的一面，嫉妒感衍生出强烈的占有欲，不仅他自己备受折磨，还会因此去折磨做自己的"奴隶"。虐待狂的特殊之处就在于，他把对"奴隶"的控制，视为比自己生活还要重要的事。他宁肯工作懈怠，宁

---

　　*　译者注：萧伯纳《皮格马利翁》一剧，电影改编版为奥黛丽·赫本主演的《窈窕淑女》。

肯放弃其他社交行为带来的快乐和益处，也不能允许受虐方脱离自己的束缚。

　　虐待狂奴役伴侣的方式大致相同，特点鲜明，这是由双方的性格结构决定的。虐待狂的第一个特点是，为了能让受虐者愿意将这种关系维持下去，会给予对方一定的恩惠，比如满足对方的一些要求，当然，从精神层面来说，这仅能达到对方的心理底线。但虐待狂会不断给对方洗脑，让自己所给予的这一丁点，似乎珍贵得无人能敌。他会告诉对方：除了我，没人能这么理解你、支持你；没人能给你这么愉悦的性生活；没人能给你提供这么多的利益和好处；甚至，除了我，根本没人能忍受你。然而同时，为了让伴侣离不开自己，虐待狂还会描绘美好的前景来诱惑对方。比如会明示或暗示，自己会和对方结婚，会爱对方一辈子，会在经济和感情上给予对方更多，有时候，还会信誓旦旦自己离不开对方，从而让对方高兴。虐待狂通过占有欲和贬低伴侣，将其成功地分隔于世人之外，这样一来，他的一切策略就更能发挥作用。如果受虐一方对他完全依赖，虐待狂就会经常以分手作为威胁的手段。除此以外，他威胁对方的手段还有很多，各有特点，我们会在后面分别讨论。如果不把受虐者的性格特征考虑进去，我们无法理解为何会有这样的关系存在。受虐者往往属于服从型，他们害怕自己被抛弃；也可能，他们因为压抑了自己的虐待倾向而感到无助，关于这一点，后面再进行论述。

这样的关系很容易让双方过度依赖，从而形成怨侣。如果虐待狂本身还有一定的隔离倾向，多少会因伴侣对他的依赖而感到不满，会认为自己花费了过多心血在对方身上，而对方只知道一味消耗他。他从未意识到，正是自己造成了这样剪不断、理还乱的局面。这种时刻他常常会宣称要离开，一方面是确实内心充满了不满和恐惧，另一方面也想借机更好地控制对方。

不是所有虐待狂都渴望奴役他人，还有一类虐待狂，主要表现为玩弄对方的感情。他们由此感受到的快感，如同乐师玩弄乐器。索伦·克尔凯郭尔在《引诱者日记》这本小说中，就描述了这样的一个人，他对自己的生活其实早没了热情，感情游戏成了让他痴迷的兴趣。他知道自己该什么时候热情，什么时候冷淡，他能细致入微地观察，甚至预测到女性对他的反应。他不但能找出方法激起对方的情欲，还知道如何将情欲遏制住。他从来不关心自己的行为会给女性们的生活带来什么影响，只关心自己在这种虐待游戏中玩得尽不尽兴。克尔凯郭尔故事中的这种费心算计，在现实生活中更多是无意识出现的。然而所有这方面的诡计都拥有同一特点：褒赞与贬低，吸引与排斥，快乐并痛苦着，沉醉并绝望着。

　　虐待狂的第三个特点，就是他们总是自私地利用着伴侣。利用不仅表现在虐待方面，还表现在想从对方身上捞得好处。但这种好处通常只是镜花水月，而且就其价值来说，根本不值得自己花费如此大的心思。不过，对于虐待狂来说，利用行为本身就是一种嗜好和渴求，会令他无比兴奋。重要的是那种体验——感觉到自己占了他人上风的那种胜利的快感。这和真的占到了便宜一样让他兴奋不已。虐待狂总会让对方处于受支配的位置，然后向对方提出不断升级的新要求，如果对方没能满足自己，他就会想办法让对方产生羞愧和负罪感。换言之，虐待狂会找各种理由，让自己感到没有获得公正对待，以此将自己的不满合理化，并理所应当地对受虐者提出更多要求。即使他们获得了满足，也不会感谢对方。易卜生在《海达·高布娜》一剧中，对此就有生动的描写，而且在剧中，我们还能看到虐待狂是如何一边伤害别人，一边让对方满足自己的要求。这些要求可能涉及任何方面，比如物质、性、事业上的帮助；也可能是要求受虐者将全部身心交给自己，对自己时时刻刻关注，随时随地顺从。施虐者千方百计、花样翻新的要求，其实是为了利用受虐者来填补自己空虚的生活。在海达·高布娜身上，这一点得以清晰体现，她觉得日子枯燥无趣，于是不断寻求激情和刺激，像吸血鬼一样从对方身上汲取感情，来滋润自己的生活。这是一种无意识的需求，但虐待狂对他人肆意利用的根本原因，很可能就发源于此。

如果我们能知道，虐待狂有着一种挫败他人的倾向，就更能看清其利用他人的行为。虐待狂并不是不愿意给予，吝啬并不是他们的特点，他们反而会在某些情况下异常大方。虐待的一个典型特征，是虐待狂在潜意识中对于挫败他人、打击他人、让他人失望有着生猛的需求。如果他看到受虐者获得了满足或喜悦，就会非常愤怒，并会想尽办法毁掉对方的快乐。比如，如果对方想和他见面，他就会故意显得不耐烦；如果对方想和他亲热，他会反应冷漠，甚至不举；任何具有积极肯定意味的事，他都不会做；他处处流露着犹豫，制造出压抑沉重的氛围。英国作家阿尔德斯·赫胥黎的一段话，对这类人做出了精妙的注释："它枯萎而干瘪，身体内充满了黑如墨汁的腐液。他不用做什么，仅仅活着就够人受的了！"他还说："这是一种精心装扮过的野蛮权力！这是一种穿着文明外衣的残酷欲望！这是一种让人震惊的旷世之才！他的阴霾影响如此之大，哪怕最高的兴致、最大的快乐也会因它而挫败、窒息！"

　　除了上面那些特点外，虐待狂还有一种想要贬损和羞辱他人的倾向。他把戳别人的痛处、挑别人的毛病、寻找别人的弱点作为人生乐趣。他知道如何通过直觉揭短，更知道如何通过直觉贬低羞辱别人。他会将自己的行为进行合理化处理，解读为性格坦诚、为别人着想。在他看来，他是因为对别人的能力和品行担心，才会这么做，但如果有人追问他这种担心是真是假，他则会感到慌乱。患者的这种倾向在外化作用下，确实会体现为担心，他会说："要是那个家伙靠得住，我怎么会担心呢？"他的担心，是因为他从心里就看不起对方，哪怕在他的梦里，对方也只能变成老鼠、蟑螂之类让人厌恶的形象。他在梦里都如此藐视对方，心底怎么可能不对其充满担心和疑虑呢？虐待狂能感觉到自己对别人满怀担心，却不知道不信任的源头，是他对别人的蔑视。更确切地说，这既是虐待狂的一种倾向，更是他喜欢盯着别人短处看的怪癖。对于别人的问题，他会特别挑剔；对于自己的问题，他则通过外化作用，将责任转移到别人身上，然后认定罪在对方。举例来说，如果别人因为他的言行而焦躁不安时，他会留意到这种反应，并鄙视对方，认为是小题大做。如果受虐的一方没有将想法和盘托出，他又会生气地指责对方不坦诚，或怒斥对方有见不得人的秘密。如果受虐方依赖他，他会反感，却不会反省是自己把对方变成了这样。虐待狂不仅通过语言刺痛对方，还会通过行为将蔑视进行下去，比如带有侮辱性的、不正常的性行为。如果虐待狂的这些行为遭到了反抗，或者自己反而受到了羞辱，他会不由自主地发怒，认为自己受到了别人的侮辱、利用和压迫。这时，无论自己怎样折磨冒犯他的人，都不为过，比如凶狠地殴打、踢踩对方，恨不能让对方死无全尸。他即便能压抑自己这些疯狂的虐待冲动，然而，内心的紧张会让他很快进入一种极端惊恐的状态中，或影响到他的身体功能。

到底是什么样的迫切需求，使得虐待狂表现得如此残忍？虐待倾向的作用到底是什么？首先要知道，关于"虐待狂都是性变态"的假设是错误的。当然，性行为确实可以表现出虐待倾向，然而绝大部分的病态倾向都有着一条共性，那就是患者的态度都会在性方面有所体现，它同样也会体现在他们的工作、说话、走路姿势和书写笔迹中。还有一个事实不能忽略，那就是在虐待过程中，常常会出现某种喜悦和亢奋，就像我多次说过的那样，会伴随一种销魂蚀骨的激情。然而我们不能就此认为，这些喜悦和兴奋就都是性欲，这和说"一切冲动都是性冲动"一样错误，没有任何证据能表明这样的一概而论存在道理。从现象学的角度说，性兴奋和虐待的兴奋从本质上就是截然不同的。

有个很有吸引力的说法是，认为虐待冲动是幼年时期虐待倾向的延续。之所以会这么说，是因为幼儿总会欺负小动物或比自己更小的孩子，并表现得乐在其中。如果只看到表面的相似，有人自然会相信虐待冲动来源于幼年时期的残忍本性。然而现实却不是这样，比起孩子简单的残忍，成年人的虐待倾向另有特征，是不同类别的虐待倾向。孩子的残忍通常是单纯的应激反应，是对于压抑与委屈的反馈，他们通过欺负比自己弱小的对象满足报复心理，并肯定自己。而成年人的虐待倾向不仅性质复杂，根源也错综复杂。所以，上述论调虽然看似有理，但就像用童年阴影来解释成年后的反常举动一样，有个问题是不能回避的：是什么让幼年的残忍一直延续并不断发展？

上面的那些论调，不过是些一孔之见，只看到了虐待狂的某个方面。一种只看到性欲，一种只看到残忍，甚至没有对这两方面做出合理解释。而埃利希·弗洛姆给出的解释，也是存在缺陷的，他认为：虐待狂是无法独立生活的，所以必须利用受虐者来建立一种共生关系，所以，他不会真的摧毁他所依赖的伴侣。弗洛姆的观点比很多人都要靠近真相，然而却无法解释，为什么患者偏要将自己与别人的生活搅在一起，患者又会采取哪种特定方式来干预对方。

既然我们把虐待倾向视为神经症的症状，我们首先要做的就不该是解释症状，而应该尽力去了解产生出这种症状的人格结构。当我们站在这个角度看问题时，会清楚地发现，只有认为自己的生活毫无意义的人，才会出现明显的虐待倾向。在人们利用临床检查手段发现病症之前，诗人们早就依靠直觉发现了病症后潜藏的状况。在海达·高布娜与她的引诱者身上，任何理想和抱负都不存在，自己的言行也毫无意义，生活处于没有指望的状态。在这种情况下，一个人如果无法通过妥协来寻找出路，就只能通过憎恨一切来寻找退路。他会认为自己被人排挤了，而且在交锋中永远是失败的一方。他会开始憎恨生活，憎恨生活中一切积极、向上的事物，这憎恨带着熊熊燃烧的嫉妒，像一个人对心爱宝物可望而不可得时的煎熬。发出嫉妒的人对生活充满了愤怒与失落，他认为是生活抛弃了自己。尼采将这种状态称为"Lebensneid"，意思是"生活在嫉恨中"。他看不到别人也都有各自的不幸，认为当自己饥肠辘辘的时候，其他人都在吃盘子里的肉——"他们"在享受爱情、创造力、喜悦、舒适和安全的归宿……他仇恨"他们"的一切快乐和幸福。认为自己感受不到的幸福和快乐，凭什么"他们"就可以感受？在陀斯妥耶夫斯基的小说《白痴》中曾这样写道：他不能允许他们那样幸福，他必须要把这幸福踩在脚下。小说中那位患有肺病的教员，充分体现出了这一点，教员向学生的点心吐口水，把面包捏成碎渣而欣喜若狂。这是一种出于嫉妒的报复心理而做出的有意识行为。但在虐待狂身上，这种打击别人快乐和挫败别人兴致的行为，则是隐藏于无意识中。但就其目的来说，与那位教员一样卑劣，都是要将自己的不幸转嫁到别人身上。他希望知道倒霉的不是只有自己，所以如果看到别人和自己一样因为失败而堕落，心情就会舒畅不少。

　　他还有个缓解自己蚀骨般嫉妒的方法，而且很精于此道，甚至能让最善于洞察人心的人也被蒙蔽，这就是"酸葡萄"策略。因为他把嫉妒埋藏在内心深处，所以他察觉不到自己的嫉妒，当在别人身上看到嫉妒时，还会不留情面地嘲讽。他总是关注生活中痛苦、丑恶和沉重的一面，这一方面体现了他所承受的痛苦，另一方面说明他很想借此证明自己能抓住任何生活细节。这种心态让他时刻处于挑剔别人、贬损他人的状态中。比如，看到一位美女，他会拼命寻找对方身上的缺陷；进入一栋房子，他会关注某个颜色或家具是不是和环境格格不入；他会在一份出色的报告中不断挑错。而他还会对别人生活中的差错、性格中的问题和不纯动机分外介怀。如果患者是个能言善辩的人，会将自己的这种倾向，说成是对不完美的事情特别敏感。

患者嫉妒的心态，会通过这种策略得到一定的释放和缓解，然而他对别人无处不在的贬损，会让他不断产生更多的失望和不满。如果他没有孩子，他会觉得自己的人生不够完整；如果他有孩子，又会感到自己被这重大责任压得透不过气。如果他没有性关系，他有一种被剥夺权力的感觉，并且开始担心压抑性欲会带来危害；如果他有性关系，又会感到羞耻，认为和低等动物没什么差别。如果外出旅游，会一路叨唠自己哪里不满意；如果他只能待在家里，又会认为足不出户的日子让自己脸上无光。他认为是别人辜负了自己，所以自己有充分的理由向别人表达失望，然而他并没意识到，自己长期不满的根源在于自己的内心，所以即使别人满足了他的要求，他依然会欲求不满。

心中嫉妒、贬损他人并由此滋生出的不满，可以在某种程度上对虐待倾向做出解释。由此也就明白了，虐待狂为什么一定要万般挑剔，给人伤害与挫败，并且不断要求对方满足自己了。但我们要先了解患者的绝望状态及其后果，才能理解他之所以如此消极待物，否定他人，盛气凌人，自以为是，全是绝望引发的结果。

虽然虐待狂连人性的底线都没达到，但他心中依然有一个崇高的理想化形象。我们之前讨论过这类人，他会因为自己无法达到理想化形象而灰心，于是有意无意地破罐破摔，在卑劣的行为中体会虐待带来的快意。然而这无疑会让理想化形象与真实自我之间的裂缝越来越大，他会觉得自己无法被治愈，也无法被原谅。随着绝望的加深，他的行为会更加残忍、疯狂。一个没有任何东西可以再失去的人，会在肆无忌惮的恶行中飞速堕落。只要这种状态没有改变，他就不可能为自己建立起新的、有积极意义的态度。如果治疗师没了解到患者的这一点，只想着如何提高患者的积极性，那么所有努力注定徒劳无功。

患者对于自己的厌恶，会发展到连他自己都不能正视的地步。为了不让自我厌恶伤害自己，他会将已经很厚重的伪装不断加固。别人的一句批评，一点忽视，或没有给予他特别关照，都会让他感到自卑，他将这些视为不公正的待遇，而拒绝接受。为了不自我攻击，他将自卑外化，将责备、侮辱和排斥的矛头对准别人，以此作为自我保护的方式。可实际上，他越是藐视别人，自卑感也就越强，心理就越绝望，最后成了一个恶性循环。前面举过的例子中，女患者指责丈夫犹豫不决，而当她意识到，这实际上是出于对自己左右摇摆的不满时，她愤怒得想将自己撕成碎片。

由此我们可以理解，为什么有虐待倾向的人一定要不遗余力地诋毁和改造别人。因为他遵循着这样的心理逻辑：自己达不到理想的目标，所以希望自己的伴侣可以达到。他用自己的愤怒强迫对方达到目标。如果伴侣没有达到，他就会无比愤怒，并将愤怒发泄到对方身上。有时候，虐待狂也会扪心自问："我为什么偏要干涉他，让他自己做决定不好吗？"但由于内心的冲突，并且已经被外化，所以这种理性的想法并不会变成行动。他常常把施加在伴侣身上的压力，合理化为"爱"，或希望帮对方实现"成长"。但不用多说，我们也知道这绝非是爱，也不是真的想要尊重伴侣的天性，而帮助其成长。施加在受虐者身上的，实际上是虐待狂自己无法完成的计划，也就是他自己的理想化形象。出于自己内心的自卑，患者总是打着"我这么做都是为你好"的旗号去改变别人，这让他们总觉得自己事事有理，更加自以为是。

　　虐待狂症状中还有一个更为显著的特征，那就是每个毛孔都散发出报复心和怨恨感。当我们了解到他们的内心挣扎后，就能对其进行更好的理解。他们必须事事都赖别人，才能将强烈的自卑感从内心驱赶出去。因为他们总认为自己做事占理，所以一旦出错，必然错在他人，而他们自己只是被连累。还因为他们没发现失望的根源在于内心，所以会认为是别人破坏了他们的人生，别人必须承担责任，必须补偿自己，必须承受责备。而这扼住了他们内心的宽容和同情，他们会想：是别人毁了我的生活，还过得比我快活，我凭什么宽容别人？对于个别"伤害"了他们的人，他们能明显感到自己心中涌动的报复欲。其实患者不知道，这种报复欲并不是偶然产生的，而是报复倾向已经渗入了内心，成为了他们人格的一部分。

　　在对有虐待倾向的人做出一番了解后，我们会发现他们是这样的人：他们觉得自己被人们抛弃了，无法摆脱不幸的命运，索性胡作非为，将愤怒盲目发泄到别人身上。我们已经知道，患者是为了缓解自己的痛苦，才将不幸强加于人，但这并不能解释清楚全部的理由。只用破坏性倾向，还不足以说明虐待行为到底为何如此让人欲罢不能，必然还会有些特定的好处。对于一些虐待狂而言，这个特定的好处，才是驱使他们如此表现的原因。我们这里说的似乎和之前的理论——虐待行为是绝望的产物——相互矛盾。一个绝望的人，怎么会还抱有某种希望呢？并且是以这样偏执而狂热的形式？当我们从虐待狂的主观意识上去看，会发现通过贬低他人，他不仅让极具破坏力的自卑得到了平复，还让自己产生了优越感。插手别人的生活，能让自己得到满足，更能让他在这样的替代中，找到生活的意义；当他游戏于两性关系时，用别人的感情，补偿了自己生活的空虚，这让他感到人生不再贫瘠；当他挫败别人时，他有种凯旋的喜悦，这让他忘掉了自己曾经的绝望和失败。这种通过胜利来报复别人的快感，也许就是他最强大的动力。

同理，他所有的追求，都是为了满足自己对快感和激情的渴望。对于心理健康、内心平衡的正常人，不需要靠这些来刺激自己。越是成熟的人，越不会关注这些。但有虐待倾向的人，其内心除了愤怒和好胜心外再无他物，其他的感觉早已被压制住了。他如行尸走肉，必须用些猛烈的刺痛，才能确认自己还活着。

还有一点至关重要，他在与别人的虐待关系中，会体验到一种力量感和强大感，这可以进一步强化他无意识中无所不能的感觉。患者在治疗中，对于自己的虐待倾向，会经历几次明显的态度转变。当他初次意识到这种倾向时，会产生自我批评的态度，对这一倾向予以排斥，然而，他的排斥并不是真心实意的。他只是在口头上迎合一下大众通行的标准罢了。他或许会在一个阶段内自我厌恶，然而到了后来，当他都想要放弃虐待倾向的时候，却又舍不得了，认为自己将要失去的东西无比重要。这时，他才开始意识到，原来自己会因为能对他人为所欲为，而感到充满快意。他会对治疗过程有所担心，害怕通过心理分析，会证实自己是个卑微的弱者，所以，患者会在分析中衍生出进一步的担忧：担忧一旦失去这种利用他人、满足自己需求的权力后，自己就会陷入绝望的境地。他也会很快意识到，虐待行为带给自己的力量感和强大感不过是个赝品，但由于他认定自己无法获得真正的力量，所以即便是赝品，他也会觉得弥足珍贵，不愿意放弃。

当我们看到这些所谓的益处的实质的时候，就能明白，我们说绝望的人也会疯狂地追求某个目标，与前面的论断并不矛盾。因为患者想要的只是个赝品，他希望获得的不是真正的自由，或真实的自己，那些构成他绝望的要素依然纹丝不动，所以他并没能力改变什么。

成为虐待狂，意味着他的生活充满了攻击欲和破坏欲。他以这种方式得到的感情，注定是个赝品。然而对于一个十足的失败者而言，这是他唯一能采取的方式。他不顾一切地追求目标，实际上是一种绝望的表现，因为他已经失无可失，只能从别人身上强行索取。从这层意义上说，虐待狂的追求，也有一定积极意义，是一种在绝望中向别人索取补偿的努力。而他之所以如此狂热，是因为在挫败别人的时候，他能暂时忘记自己的挫败和绝望。但由于强烈的攻击性和破坏性，他的追求也必然会给他带来消极的影响，主要表现为两点：自卑和焦虑。

在绝望地追求中，他的自卑感会越来越深，深入骨髓，这一点我们已经说过。而另一个同样重要的影响是，引发焦虑。一方面，他害怕受虐者会对自己进行报复性反击，害怕别人会以其人之道，还治其人之身。在他的概念中，如果自己不时刻处于进攻状态，就会落入下风，对方逮着机会，就能整垮他，所以，他必须时刻警惕，焦虑不安地盯着对方，保护自己不受伤害。另一方面，在潜意识中，他又会戴上光环，确信自己无懈可击，具有神圣的不可侵犯的安全感：他不会有弱点，不会受伤，不会发生意外，不会生病，甚至觉得自己不会死。但如果，他再次受到伤害，无论别人是有意还是无意，这种虚假的安全感都会一击即碎，让他立刻陷入恐慌。

　　患者之所以焦虑，某种程度上是因为担心潜藏在内心的破坏欲很不稳定，容易失去控制。他觉得自己的身上就像绑了一个装满烈性炸药的炸弹一样，必须高度警觉，严格自控，才能避免危险发生。如果自己贪杯醉酒，放松警惕，在酒精的刺激下，很可能就会引爆炸弹，让破坏欲挣脱控制，让自己变得极具破坏性。遇到一些特殊的情况，比如对患者极具诱惑的事情，也可能引爆炸弹，让他的破坏欲一发不可收拾。左拉在《人兽》一书中就描写了这样一个虐待狂，他强烈地爱上了一个女孩，却感到万分恐惧，因为伴随着心的敞开，他的破坏欲也失去了控制，他居然产生出想要杀死这个女孩的冲动。此外，患者在亲历一些残忍的事件或行为后，也会被恐慌袭击，因为那些场景可能会引爆他内心的破坏欲。

　　在很大程度上，正是对虐待倾向的压抑，才导致了自卑和焦虑。压抑的程度因人而异，而患者本人却意识不到这种压抑，也不知道自己有虐待倾向。虽然他偶尔能察觉到自己有欺负弱小的渴望，看到别人的施虐事件和幻想自己的施虐情景时会感到异常兴奋，但他从不会把这些零零碎碎的意识联系起来思考。平日里，他对别人的所作所为，几乎都是在无意识中进行的，事后也意识不到。这种对自己和他人的麻木感，会将问题隐藏起来，难以被发现。只要麻木状态不解除，他就无法从感情上意识到自己做了什么。此外，施虐者总会以各种借口来掩盖事实，以达到欺骗自己和别人的目的，所以更难体会到自己的所作所为。我们要牢记一点，虐待狂是重度神经症发展到了晚期的表现，总是会寻找借口隐瞒虐待倾向，把自己残忍的行为合理化。具体找什么借口，取决于神经症的特征。

服从型人格在无意识中，会将奴役视为爱。他认为自己弱小无助，充满恐惧且身体孱弱，所以伴侣理所应当照顾他。他有任何愿望，都期待伴侣帮他完成。因为他害怕孤独，所以伴侣不可以离他而去。他的责怪总是用间接的方式表达，他会无意识地说出，别人曾给他造成了多大的痛苦。

攻击型人格对于虐待倾向的表达，虽然也是无意识的，但却相对直白。他会毫不犹豫地表达自己的需求、不满和蔑视，不仅不觉得毫无道理，反而觉得自己特别坦诚、正直。他承认自己会忽视别人、利用别人，却总有办法将自己的行径合理化，或者说是对方先对自己不仁，所以自己才会对他们不义。

隔离型人格在表现虐待倾向时，会特别委婉温和。他奉行用"此时无声胜有声"的方式挫败对方。他随时一副准备抽身走人的架势，这等于威胁别人，不要依靠于他，同时，也绵里藏针暗示对方，自己正被打搅。如果看到别人出糗，他会心中暗爽。

虐待冲动有可能被压抑得更深一些，让患者变成了"倒错虐待狂"。具体情况是：患者因为对自己的冲动太过害怕，于是退守自我，严格自控，尽力不暴露出自己的冲动，不让自己和别人察觉其存在。此刻，患者对任何类似自我肯定、攻击、仇视的东西都避之唯恐不及，于是陷入了更深、更广泛的压抑中。

在这里，我们可以用一个概括性叙述来说明这一进程及其后果。自我退守，严格自控，虽然是在避免自己奴役他人，但也可能造成最坏的结果：让自己失去提出要求的能力，更谈不上承担责任或领导别人了。患者会过分谨言慎行，连合理的嫉妒心也强压下去。而经过细致观察，会发现这类患者在事情不如所愿的时候，会出现生理反应，比如头疼、胃疼或其他不适。

如果为了避免利用他人，而自我退守，严格自控，真自我就会被抹杀，导致更深重的自卑。患者不敢表达愿望，甚至都不敢有愿望；不敢反抗虐待，甚至不觉得自己被虐待；不敢维护自己的权益，甚至心甘情愿被人利用；不敢坚持自己的想法，甚至觉得别人的期待比自己的更合理、更重要。他在善人与恶人之间犹豫徘徊，既为自己想要利用别人而感到恐惧，又为自己不敢利用别人而感到懦弱、羞愧。在进退维谷间，他或者变得抑郁，或者身体功能出现紊乱。

同时，患者会表现出过分的宽容和温和，不会再去挫败别人，总是担心别人对他不满，他会凭直觉说些讨人欢心的话，比如赞美别人，鼓励别人。他会不由自主地将责任揽到自己身上，并一个劲道歉。如果不得不批评别人，他也会以最委婉的方式进行。即使受到了别人的虐待，他也会表示谅解，但由于他对委屈十分敏感，所以他这么做的时候，其实心里是很难过、很痛苦的。

当感情上的虐待冲动被深深压抑，患者会有种魅力尽失的无力感。他会真的相信自己对异性来说毫无吸引力，哪怕有证据表明实际情况和他以为的正好相反，他也会觉得低人一等，因为自卑感已经渗透了骨髓。需要指出的是，患者认为自己没有吸引力，可能来自他面对一些能令他激动的事情，比如奴役别人或抗拒别人，采取了无意识的自我退缩。在治疗师的分析中，如下情形会逐渐明朗：患者无意识地设计出了自己的情感蓝图，于是，一种奇葩的变化产生了——自卑的"丑小鸭"终于意识到自己具有迷人的魅力，但是，当对方真的对他的表白做出回应时，他又看不起对方，并且生气地离开。

由此出现的人格，会非常具有迷惑性，很难进行分析判断。它与服从型有着惊人的相似。而事实上，明显可见的虐待狂往往属于攻击型，而倒错虐待狂，则会从一开始就表现出服从倾向。这是因为他在童年时，遭受过虐待，不得不以服从作为手段保护自己。为了伪装自己的真情实感，对压迫他的人，他会放弃反抗，转而去爱对方。这种冲突，会随着年龄的逐渐增加而一天天变强，大约在青春期前后，变得再也无法忍受，这时他会退缩，躲进孤独中以求安慰。但孤独的象牙塔并不能成为他永久的避难所，当他遭受失败的打击之后，他再也无法忍受孤独，就会故态复萌，回到从前，回到最初的依附状态，强烈地渴望亲近他人，被别人喜爱。不过，和之前不同，此刻的他虽然渴望温情，甚至为了摆脱孤独在所不惜，但同时，由于他对孤独的需求并未消失，这会妨碍他与别人亲近，所以他获得温情的机会越来越少。在这场内部的冲突和撕扯中，他被弄得精疲力竭，陷入绝望，继而产生出虐待他人的欲望。但由于他渴望温情，所以他又必须逼迫自己压抑虐待冲动，严厉控制自己，将内心的施虐冲动全部藏匿起来。

患者或许意识不到，在这种情况下，自己的为人处世会变得异常艰难。他变得矫揉造作、拘谨、胆怯，他必须随时扮演与自己的虐待冲动相反的角色。他会非常入戏，以为自己真的爱别人，因而在治疗时，当他意识到自己搞不清对别人的感情，甚至对别人没有感情的时候，会大为惊诧。随即，他会觉得自己这种缺乏感情的状态已经不可能改变了。但实际上，他的这种想法，无意识斩断了自己的感受，这样他便感受不到内心的施虐冲动了。而只有当他看到了自己的冲动，并尝试克服它们时，他真实的感情才会出现。

善于洞察的人可以看出，这种状况下的某些因素，标志着虐待倾向的存在。首先，患者总是会以不动声色的方式威胁、利用、挫败他人。他总是在无意间以明显的态度，表现出对他人的蔑视，并且粗暴地将这种蔑视归咎于别人比自己低端。其次，患者会表现得自相矛盾。比如，患者有时能忍耐别人严重的虐待，而有时，即使是最轻微的轻蔑、利用和支配，都能让他特别敏感。最后，他总是觉得自己受到了伤害，并很享受这种感觉，即患者表现得像个"受虐狂"，甚至沉迷于"受虐狂"这一角色不能自拔。但我们最好避开"受虐狂"这个词，因为它的含义太广泛，也太容易混淆。我们应该描述与该症状相关的因素。患者的身心处于压抑状态，无法做出自我肯定，所以他在各种场合下会欣然接受别人的伤害。别人明显的虐待行为会深深地打动他、吸引他，他会对他们既痛恨，又佩服。他将自己放在一个被利用、被羞辱、被挫败的境地，他并不喜欢受虐待，因而会感到很痛苦。然而这种模式，也给他带来了满足，他通过经受别人的施虐，而过了一把满足虐待冲动的瘾，而且还不用惊动自己的虐待倾向。这样，他不仅能保持高尚正直的自我评价，还有资格对别人的虐待行径表示愤慨。但在内心深处，他也暗自希望有朝一日能够反击现在虐待着他的人，将对方狠狠踩在脚下。

上面描述的这种状况，弗洛伊德也进行过关注。但他为了能把这些现象纳入他的理论框架，在没有根据的情况下，把自己的发现泛化到了所有人身上，并作为可靠的证据，这反而拉低了他观点的可信度。他认为，一个人无论多么优秀，也是具有破坏性本能的。但我认为，实际上，这些现象只会出现在特定的神经症患者身上。

在本章开头的一些观点中，我们发现，虐待狂要么被视为性变态，要么被定义为卑劣的人。性变态其实并不多见，当它出现在患者身上的时候，其实也只是患者对他人全部态度中的一种。患者的破坏倾向不容置疑，但理解了它后，我们会看到，在看似没有人性的表象后，站着一个正被痛苦折磨的人。有了这种认识，我们会发现患者正在绝望中挣扎，生活将其击垮，而他一直在寻找着补偿的方法。

结论　如何解决神经症冲突

神经症冲突对人格造成了极大的破坏，对于这一点，我们了解得越深入，越急切地想知道如何解决这些冲突。然而，就目前来看，无论是靠理智，还是靠逃避和意志力，都无法解决问题。那我们又该怎么办？办法只有一个：想要解决冲突，必须改变人格中造成冲突的因素。

这种办法虽然可以治本，但实行起来不会一帆风顺。任何内心的改变，都不是件容易的事，正因如此，我们才会绞尽脑汁想找"捷径"。有人经常会问："我看到了自己的基本冲突，是不是就能解决问题了？"回答显然是：不能。

即使治疗师在分析的初期，就已经看倒了患者内心的分裂，并帮助患者认识到这种分裂，但仅仅如此，还是无法迅速见效。认识到分裂，或许患者会感到安慰，这让他有理由相信自己的神经症还是有救的，不至于像过去那样坠入迷雾不见出路。但是，如何才能把这种期待变为现实？患者自己并不知道该怎么做。他能感知到内心的各种冲突，却不知道如何破解这些冲突。他从治疗师那里获得的信息，听上去似乎很有道理，但他不明白和自己有什么关系。毕竟固化的思维无法一下子突破，旧的模式会否定新的认知。他会无意识地笃信：如果不是外界干扰，他什么问题都没有；如果爱情和事业都能成功，他就足以摆脱不幸；如果他可以和人保持距离，冲突就不会发生；虽然平庸之辈没有能力容纳矛盾，但不包括他，他凭借意志力和智慧，可以在相互冲突的事情中游刃有余。患者可能会认为治疗师是个骗子，夸大其词吓唬他，或者认为治疗师是个傻瓜，自己已经病入膏肓，无药可救，他还在那里唠唠叨叨。这种情况下，分析师的任何建议，患者都会置之不理。

患者无意识地固守自我，表现在两个方面：他不愿意放弃固有的解决冲突的方法；他已经对自己彻底绝望，认为此病根本无治。在这种情况下，治疗师想要有效解决患者的基本冲突，必须对患者的想法和可能导致的结果心中有数。

还有一个重要的问题：是不是意识到内心的冲突，并追根溯源，将之与童年时期的一些境遇联系起来，问题就会迎刃而解呢？回答仍然是：不能。理由也如前面所说一样。即使患者认真地回忆了童年的经历，也无助于解决冲突，最多只能让他以一种更宽容的态度善待自己。

尽管全面了解早期影响，以及这种影响对儿童人格的改变，对于治疗没有直接的意义，但对于探究神经症冲突的成因，却意义重大。如果我们知道，哪些环境因素对儿童的成长有利，哪些会阻碍他们的发展，就能防微杜渐，避免人为制造出大量的神经症患者。简单地说，一个孩子，如果处于一种令他感到不安全，缺乏自信，缺乏自由的环境中，他的精神内核就会受到威胁，在孤立无助，紧张恐惧中，他与别人的互动方式就会发生改变，他会根据自身最迫切的需求和利害关系对外界做出反应，而不是单纯依据自己的真实感受。他无法再靠简单的喜欢或不喜欢、相信或不相信去表明自己的意愿，或反驳别人的意见，他需要时时刻刻对别人保持警惕，在应对别人时，哪种方式对自己的伤害最小，他就会使用哪种。我们可以将这种生活方式的核心概括为：被焦虑和恐惧笼罩，以紧张带有敌意的眼睛打量别人，以及这个世界，最初是警惕，发展到后来就变成了深入骨髓的憎恨，最后疏远他人，疏远自我。

只要这些因素没有改变，患者的冲突倾向就不可能凭空消失。相应的，他内心真实的需求会随着神经症的加重而萎缩，整个人也逐渐失去活力。如果采取治标不治本的方法，会让患者与自己、与他人的关系更加不可调和，这样一来，想要彻底解决冲突就难上加难了。

改变这些因素本身，才是治疗的目标所在。治疗师必须帮助患者去找回真自我，去发现自己真实的情感和需求，树立起自己的价值体系，并带着真实的情感和信念与他人相处。虽然这样做非常困难，却可以奇迹般地消除内心的冲突，及时救治患者。但奇迹不会自动发生，需要我们按照具体的步骤，脚踏实地地前行。

无论症状是多么相似，或多么与众不同，本质上，每一种神经症都是性格障碍。因此，治疗神经症的工作，其实也就是对神经症的性格结构进行分析。我们越是能将性格结构和患者个体间的差异认识清楚，就越是能精确地知道自己需要完成哪些工作。如果，我们把神经症视为患者围绕基本冲突建立起的防御堡垒，就可以将分析工作划分为两个大的步骤。

第一步，查明患者为了解决冲突而做的无意识努力，以及这些努力对其人格的影响。包括患者的主要倾向、理想化形象、外化作用等，至于它们与患者隐藏起的基本冲突是什么关系，我们先不用考虑。人们很容易误解，认为不考虑基本冲突，就无法理解他为此做出的那些努力，更别说研究了，但在我看来，尽管这些努力，都是围绕着解决基本冲突而展开的，但它们却有着自己的规律、特征和影响力。

第二步，对基本冲突本身进行处理。在这一步骤中，不仅要让患者对基本冲突有大致的了解，还要帮他弄懂冲突造成了怎样的影响，又是如何造成的。也就是说，患者需要知道那些相互矛盾的倾向，以及它们之间是如何相互干扰的。比如，一位患者有明显的服从倾向，除此之外，他还有倒错虐待狂倾向。但同时，他又有与之相反的倾向——他有强烈的好胜心，渴望在比赛中获胜，在竞争中战胜别人。他的这些倾向相互矛盾，是180度的对立。他必须明白，他之所以不能在比赛中获得胜利，在工作中表现出色，是因为他的服从倾向在拖后腿。当然，他还需要明白，他渴望获得爱、同情和快乐，但他的这些需求，又与他倒错虐待倾向中的严格自控形成冲突。弄清楚了这些相互对立的冲突之后，他就能明白为什么自己会从一个极端切换到另一个极端：时而纵容自己，时而苛求自己；时而逞强好胜，时而谦虚谨慎；时而认为自己应该享受权力，时而又认为自己不配；前一刻还在谴责别人，后一刻又能理解别人。

治疗师的工作不仅如此，还要向患者解释：试图在冲突中达成妥协是根本不可能的。比如，他曾试图让自己既自私又慷慨、既犀利又和善、既做主又让步，这只能是竹篮打水一场空。要通过心理分析让患者认识到，他的理想化形象、外化作用并不能解决冲突，只是掩盖了冲突。简言之，分析的目的就是让患者彻底了解他的冲突，包括冲突对人格产生了怎样的影响，以及如何演变出了各种症状。

对于治疗师的分析，每个阶段，患者都会想方设法抗拒。对于他来说，不管是理想化形象，还是外化作用，都是他为了解决内心冲突所做出的努力，也都有其主观价值。为了捍卫自己的各种努力，他会拒绝去看其中的真正本质。他会在治疗师分析他的冲突时，故意设置各种障碍，极力证明他的冲突根本不是冲突，让人更难分辨清楚。

在分析病症时，弗洛伊德提出了两个非常重要的原则：治疗师所给出的任何解释，都应该对患者有益；同时，这种解释不能是有害的。详细说，治疗师必须要考虑到以下两个问题：在这个时候让患者知道真相，他能承受住吗？这种解释对他有没有意义，是否能帮助他进行良性思考？迄今为止，我们面临的难题是，没有一个具体的标准能判断患者所能承受的底线，因此对于到底什么能引发他的良性思考，也没有一个具体的答案。在这些问题上，人与人之间的差距很大，无法教条地规定什么时候才是最佳时机。然而我们依然有规则可以遵守：只有当患者在态度上有了明确的改变后，我们才能放心地与他讨论他的某些问题。在此基础上，我们可以用以下几个常用的措施进行尝试：

如果患者还寄希望于通过虚幻的想法来解救自己，那么就算治疗师明确告诉他有什么关键冲突，也无济于事。患者必须首先认识到，这些虚幻的想法除了扰乱自己的生活外，毫无用处。因此，治疗师所要分析的主要内容，不是冲突本身，而是患者为解决冲突所采取的方法。治疗师应该先用简明易懂的语言，让患者明白他之前所有的努力都是徒劳的。我的意思并不是绝对不能提到冲突，而是说治疗师应该考虑时机，掂量患者神经症结构的脆弱程度后，再谨慎决定。对于有些患者而言，过早看到自己冲突的真相，会让他们惊慌失措；而对另外一些患者来说，如果治疗师过早点明真相，他们不会做出什么反应，因而也起不到什么作用。一般情况下，只要患者还对自己的"方法"不死心，还希望凭一己之力渡过难关，治疗师就别指望患者能心甘情愿地面对自己内心的冲突。

还有一个需要我们谨慎对待的问题，就是理想化形象。对于患者而言，理想化形象是他唯一能感到真实的东西，也是唯一能让他获得自尊的东西，他依靠理想化形象避免了在自卑中沉沦。所以，在拆除患者的理想化形象之前，一定先要让他获得足够的现实性力量，否则他无法承受由此带来的打击。

对待虐待倾向时，如果在治疗的前期就想解决它，必然收效甚微。因为，这些倾向与患者的理想化形象差距太大，成为了鲜明的对照，以至于患者即使在治疗的后期才意识到自己的虐待倾向，依然会突然感到恐惧和厌恶。所以，我们一般会等患者不那么绝望时，再分析他们的虐待倾向。之所以这样做，还有另一个更重要的原因：当他坚信自己唯一能采取的方法，就是替代性的生活时，他是不会心平气和地跟治疗师讨论自己的虐待倾向的。

同样的，在面对不同性格结构的患者时，治疗师也应该用以上原则，确定一个解释的最佳时机，以便让患者能够承认自己内心的冲突。比如，患者表现出了攻击倾向，他鄙夷感情，认为感情会让人软弱，十分痴迷任何能彰显力量感的东西。治疗师首先要做的，是帮助患者理解他这种态度是由怎样的心理需求造成的。这时，哪怕他很明显地表现出了讨好和亲近他人的渴望，时机未到，治疗师也不要轻易点破。治疗师的一言一行，在患者看来都是对自己安全的威胁，他会愤而抵抗，以防治疗师把自己变成"老好人"。唯有当他内心更强大时，他才能允许自己有服从和自卑的倾向。面对这样的患者时，治疗师必须还要等待一段时间，才可以小心翼翼触及其内心的绝望，因为在患者的概念中，承认自己绝望，就等于展示自己的自怨自怜，而这都是患者最厌恶的，所以，他会极力否认自己的绝望。而以讨好为主要倾向的患者，治疗师则要先分析其"讨好他人"的表现，再触及他的支配倾向和报复倾向。再比如，一位患者如果认为自己绝顶聪明，盖世无双，或者是完美恋人，就不要先去分析他的自卑，因为那样做一定会碰壁，哪怕仅仅是触及他害怕被轻视和被拒绝的神经，也是在浪费时间。

很多时候，在治疗初期我们能触及和讨论的问题，非常有限。尤其是在患者坚决维护自己的理想化形象，并将其成功外化之时。这个阶段，他绝不会承认自己有任何缺点。一旦治疗师觉察到这种情况，就应该尽量避免做出任何像"问题是你自己造成的"这样的暗示，即使暗示很委婉，也会让他产生强烈的抵触情绪。当然，这并不意味着什么都不能做，治疗师可以选择性触及理想化形象方面的某些问题，比如对患者说，他对自己的要求太过严苛。

治疗师对于神经症性格结构的动态原理越熟悉，就越能快速准确地读懂患者在与人互动时的真实想法，并由此知道该在什么时候、用哪一种方式切入。根据患者表现出的一些细枝末节，治疗师能够想到并推断出他人格的某些特质，然后就此多加关注，深入了解。这种状况很像内科医生看到患者咳嗽、盗汗、午后疲倦无力，便会预判出患者有可能得了肺结核，接着他会顺着这个判断进一步诊治。

假如说，一位患者总是认为错在自己，与人互动的时候总是肯定别人，否定自己，甚至在治疗的过程中，会表现得对治疗师特别钦佩，此时，如果治疗师能找到更多证据进一步证明患者有讨好他人的倾向，就可以着手解决这个问题了。而如果一位患者总是提到让他感到羞耻的事情，甚至认为接受心理治疗也是件令他羞耻的事，那么，治疗师的首要任务，就是解决他对羞耻的恐惧。治疗师可以选择此时此刻他最明显的恐惧来分析，告诉患者这种恐惧的根源是什么。比如，患者害怕别人不肯定自己，尤其是害怕别人不肯定那些符合他理想化形象的特征时，分析师就可以将他的恐惧和他维护理想化形象的需求联系起来。再比如，患者在治疗过程中显得特别木讷、迟钝，并且说自己注定是个悲剧，治疗师就要知道，他必须先帮患者消除绝望感。然而在治疗初期，治疗师不能急切去触碰患者的绝望，只可以给他解释一下"绝望感"的真实含义：放弃自我，自暴自弃。然后，再让患者明白，他之所以产生绝望感并不是由于现实真的毫无转机和希望，而是由于他存在心理问题。只要能够弄清问题，绝望是可以得到解决的。如果，这种绝望感是出现在治疗的后期，治疗师就能更好地判断患者绝望的原因：是因为他对解决内心冲突不抱希望，还是因为他对自己无法达到理想化形象而感到失望。

上面这些常用措施，其实给治疗师留下了很大的灵活空间，治疗师可以发挥自己的直觉和职业敏感，洞察患者的内心图景。这是治疗师最宝贵、最能施展能力，也是最不能缺少的工具。然而，尽管治疗师的直觉能发挥作用，却不代表整个治疗过程像艺术创作，或者只靠常识就能完成。治疗师必须对神经症的性格结构做深入的了解，在此前提下做出的推断，才能是严谨且科学的。

由于不同患者的神经症性格结构差距巨大，治疗师时常只能在探索和试错中前进。这里所说的错误，不是指那些重大的原则性错误，比如强行把患者没有的强加在患者身上，或抓不准患者神经症的基本倾向。我所说的试错，指的是那些常见的差错，比如过早向患者解释冲突，这也是治疗过程中很难避免的错误。只要治疗师能察觉出自己在做出解释时，患者的反应是什么，就知道自己犯了错，要及时调整方案。在我看来，很多治疗师过于看重患者对于解释是接受还是拒绝，对于患者的反应到底意味着什么，却疏于思考。这是治疗中的不幸，因为只有先搞清楚患者种种反应背后有些什么，才能知道先要做哪些工作，以帮他解决问题。

让我们举例说明一下。一位患者发现自己在和人相处时，只要对方提出要求，哪怕那些要求很合理，自己也会愤怒，认为受到了对方的强迫；而面对批评时，即使对方给出的批评很公正，他也会觉得自己受到了羞辱。但同时，他认为自己有权力向别人提任何要求，别人怎么牺牲也不过分；而且自己也有权力指责别人，多不留情都可以。他独占各种特权，却想剥夺别人的一切权力。他自己也很清楚，他的这种态度肯定会损害，甚至毁坏自己的友谊和婚姻。因此，在治疗过程中，他一向表现得很积极，也很配合。然而，当他知道治疗起到的后果时，则开始不安并被动了。患者的这种态度背后隐藏着忧郁和焦虑。接下来的治疗过程中，患者很少与治疗师互动，这显示出严重的疏离倾向，这和他在之前的几次治疗中希望与一位女性处理好关系的热情，形成了鲜明的对比。疏离倾向表明他无法接纳与人互利共存的想法。在理论上，他认同这种平等的关系，但在行动上，他明显拒绝实施。他的忧郁，是他处于无计可施的两难境地时，做出的反应，而疏离则是他在寻求解决办法时，做出的反应。当他认识到逃避无用，唯有改变自己的态度才是出路的时候，才会思考为什么自己无法接受互利共存的关系。紧接着，他又恢复了与治疗师的互动，说明他对这个问题已经有了答案，知道自己将选择看成了只有"非此即彼"一种模式：要么拥有一切权力，要么一点权力也没有。他袒露了自己的担忧：害怕别人一旦拥有了权力，自己只能遵照别人的意愿行事，就再也无法做任何想做的事情了。这样的想法，诱导他展现出了服从倾向和自卑心理。虽然这些倾向和心理，治疗师也有所察觉，却并不了解其强烈程度，以及意味着什么。在他看来，是他人，而不是自己，决定了他所享有的权力，为了保护自己不受伤害，他不得不人为地搭起防御工事，把所有的权力都占为己有，以获得一种掌控感和安全感。如果要求他放弃这种防御手段，就等于要杀死一个手无寸铁的人。所以，治疗师要先帮他处理好服从倾向，才能帮他消除专制态度。

我们在本书的每个章节中都反复强调，想要彻底解决问题，绝对不能只用一种方法。必须从不同的角度反复对问题进行考量。这么做，是因为患者的每一种态度，都有着多种成因，并且在神经症的发展进程中，起到不同的作用。比如，患者总是忍气吞声的态度，从本质上体现了他有着讨好他人的需求，因此在分析这种需要时，必须先解决他服从的倾向。当我们分析患者的理想化形象时，也必须再次细致分析患者的倾向。经过以上步骤，我们可以看出，患者之所以息事宁人、步步忍让，是因为他认为这些是圣人的特点。而分析他的疏离倾向时，我们可以看到他有着回避矛盾的需求，当我们察觉患者在尽力压制对自己的虐待倾向并惧怕他人时，他忍让行为所具有的强迫性质，便显得更清晰了。而在其他的例子中，患者对他人的强迫十分敏感，刚开始可将其视为源于隔离的一种防御；随之可视为患者对于渴望权力的投射；最后，我们发现这表现或许是来自患者的外化、自我强迫或其他倾向。

任何在分析过程中显现出来的神经症态度或冲突，都必须纳入患者的整个人格中进行理解。这种方法，我们称之为深入研讨，要遵循以下步骤：帮助患者认识到他的这种倾向或冲突的所有内在和外在表现，帮助他认识到这种倾向或冲突的强迫性本质，帮助他认识到这种倾向或冲突的主观价值，及其造成的负面影响。

当患者发现了神经症的特异表现时，通常会提出这样一个疑问："它是如何产生的？"还没弄清楚情况，就迫不及待想去追溯问题的根源，认为只要找到源头，问题就能迎刃而解，且永不再犯。患者的这种想法可能是有意识的，也可能是无意识的。治疗师一定要把他拉回来，不要让他隐藏到过去之中，而是要鼓励他去审视这种特异行为的具体表现，以及他采取了什么方法来掩盖这种特异行为。假如患者已经清晰地看到自己害怕服从，他就必须进一步看清他对任何形式的服从都会排斥，并努力将它们赶出自己的生活。为了消除一切服从的表现，以及与它相关的倾向，他一直无意识地对自己进行压抑。他的那些特异行为，全都是为了达成这一目的。他已经变得麻木，无法感知到别人的欲望、感情和反应。他已经变得冷漠，失去了关注他人的兴趣。他掐死了自己对别人的好感，也掐死了别人对他的好感。他瞧不起别人的温情和善良，总是不假思索拒绝别人的请求。他认为自己有权力苛责别人，处处挑剔，反复无常，但同时又不允许同伴对他这么做。或者，如果我们关注的是患者那无所不能的全能感，那就不能只让他认识到自己有这种感觉，他还必须看到，他为自己设定的任务，根本就不可能完成。比如，他认为他可以在很短的时间内写出一篇复杂的论文；他希望自己在筋疲力尽的时候，依然才思敏捷、思路清晰；他希望在治疗中只要瞥上问题一眼，就可以解决掉它。

此外，患者还必须认识到，他的行为都是身不由己的，强迫性的，受制于他的某种倾向。而他的这些行为并不符合他的真正意愿和最大利益，甚至常常是和这些相违背的。他还必须认识到，这种强迫性不分对象，也不分时间场合，随时随地都会强烈地表现出来。比如，他会挑敌人的毛病，也会挑朋友的毛病；如果别人态度温和，他会认为对方做了对不起他的事情，心怀愧疚才这样；如果别人态度坚决，他会认为对方像盛气凌人的暴徒；如果别人做出让步，他会认为对方是个懦弱的人；如果别人表现出很喜欢和他在一起，他会认为对方轻浮随便；如果别人拒绝帮助他，他会认为对方吝啬小气，等等。或者，如果讨论的问题是患者不确定自己受不受欢迎，那么他就必须认识到，他对自己的怀疑态度会很顽固，即使有证据证明他是错的，他还是会坚持怀疑自己。

想要理解一种倾向的强迫性，就必须了解这种倾向在受挫时，患者所做出的反应。比如，如果出现的倾向牵涉着患者对他人温情的需求，他就应该看到，当任何被拒绝或友谊减弱的迹象出现时，他都会感到迷茫和恐慌，即使那种迹象很轻微，即使那位朋友对他并不重要。

让患者看到自身问题的严重程度，只是第一个步骤，第二个步骤则是要让患者明显感受到问题背后的推力十分强大。这两个步骤，能让患者产生更深入检查自己的愿望。

当我们开始研究某种倾向的主观价值时，患者常会积极地提供情报。他会告诉我们，他是在迫不得已的情况下，才去反抗、鄙视那些压迫他的事物和所谓权威的，不这么做的话，自己早就被控制了，比如被专制独裁的父母驯化。他还会告诉我们，他之所以会觉得高人一等，是因为这种想法在过去和现在都帮助他有效克服了内心的自卑；而他的离群索居和玩世不恭，不过是出于自我保护的目的。的确，患者与他人的关系来源于他的自我防卫，但我们却能从中得到更多信息，即向我们展示了这些倾向是如何养成的、为何能占据主导，展示了这些倾向在过去发挥的作用，这些都能让我们更好地掌握患者的发展情况。最重要的是，还能帮助我们理解该态度目前在患者身上的功能所在。从治疗而言，这些功能意义巨大。每一种神经症趋势都不可能只是个历史遗迹，因为它一旦形成，就会一直存在并发挥作用，如同积习难改。我们能确信的是，每一种倾向或冲突，都取决于患者现存性格结构的内在需求。所以，明白患者过去为什么出现某种神经症特异表现，其价值并不是最重要的，因为我们要改变的，是那些目前还在发挥作用的因素。

　　绝大部分情况下，患者从某些倾向中所获得的主观价值，主要在于它能对其他倾向实现抵消。所以，要先理解这些价值，才能知道如何着手处理这一类的病症。比如，如果某位患者之所以抱着"自己无所不能"的全能感不放，是因为他把自己可能存在的潜能，当成了已发生的事实，把可能光辉的未来，当成了已经取得的成就，这样我们就能知道，必须先检查他生活在想象世界中的程度。如果他这样做，是为了确保自己能避开失败，我们的注意力就会集中在这样的问题上：究竟是哪些因素，导致他有这种失败的预感，并时时刻刻惧怕失败会降临？

　　治疗中最重要的一步，是要让患者明白，他所认为有价值的东西其实具有危害性，他的神经症倾向与冲突，只会使他更加空虚无助。在之前的步骤里，我们已经做过一些启发工作。重中之重，是要让患者看到关于他病情详细而完整的全景图。只有做到了这一步，患者才会意识到改变的重要性。不过，对于每一种神经症，患者都会不自觉地想要维护现状，需要有一种能突破阻碍的强大动机，才能让患者真的改变。这种动机必须是来自患者对内心自由、幸福、个人成长的渴望，必须要让他认识到，每一种神经症问题都会妨碍他实现这样的渴望。因此，如果患者的自我苛责带着贬低的性质，就必须让他看到，这会扼杀自尊，让自己变得绝望。绝望中，他会认为自己不被需要，会强迫自己忍受别人的虐待，而且会让自己有了报复欲；还会让他的热情和工作能力处于停滞；为了不坠入自卑的深渊，他会启动防御系统，出现自大、隔离等倾向，加速了神经症的恶化。

在分析过程中，如果患者已经能清晰感到某种倾向时，治疗师必须帮他认识到其对自身生活产生的影响。比如，患者表现出的冲突，是他的自我否定倾向与渴望成功之间的矛盾，治疗师就应该知道，这是倒错型虐待倾向在极度压抑后特有的结果。患者需要认识到，他每次自我否定时都会感到自己很可憎，对他所恭维的人，会心生怒意；而同时，他每次挫败了别人，都会觉得自己很可怕，并且担心别人会对自己进行报复。

　　有时也会有这样的情况：患者确实意识到了神经症倾向会带来严重后果，却还是对解决问题提不起兴趣，就好像那些问题已经被遗忘掉，不存在了一样。患者不动声色地把问题扔到墙角，因此他的病情自然不会好转。他的无动于衷引人注目、令人费解，因为他确实已经看到了问题给自己带来的危害。如果对于患者的无动于衷，治疗师不能敏锐地发现，也就不会进一步发现患者正在回避问题。患者会说个新话题，然后带着治疗师跑上另一条跑道，然后再一次发现死路一条。要等到很长时间后，治疗师才会猛然惊觉，自己费了那么多心力，患者却并没有相应的进展。

　　如果这种情况经常出现在患者身上，治疗师有必要思考：患者自身的什么问题，让他无视这种神经症倾向导致的有害后果，并拒绝改变？一般来说，有一系列的原因会造成这种状况，治疗师必须耐心逐一解决。比如，患者可能还在绝望中不能自拔，会认定自己不会有任何改善；会想要抵抗治疗师，让治疗师失败出丑，这种渴望甚至会超过患者对自己的兴趣；患者的外化依然严重，所以就算看到了有害的后果，却还是无法审视自我；他仍旧希望自己无所不能，虽然他知道这样下去会造成麻烦，却暗自认定自己有办法躲开；他的理想化形象僵硬顽固，所以不能接受自己竟然会有神经症倾向和冲突，患者认为只要自己看到了问题存在，就一定有能力将其解决，没能如愿后就会对自己发怒。这些因素，都会遏制住患者改变自我的动力。如果忽视这些因素，治疗师就成为了休斯顿·彼得森所说的那种"心理学狂人"，即为心理学而心理学，忘记了心理学的初衷。如果在以上情况中，治疗师能帮助患者接受自我，那显然会对治疗大有裨益。即使冲突还在，也会让患者如释重负，开始有信心摆脱蛛网般冲突的纠缠。这种状态一旦形成，患者的改变也就未来可期了。

上面这些讨论，并不是一篇关于分析技术的论文。尽管诸如患者把自己的防御性或攻击性带入与治疗师的关系后产生的利弊，这样的问题很有意义，但是我不打算在本书中讨论。我所叙述的步骤，都是每一次表现出明显的新倾向或冲突时，我们在心理分析时所必须采取的主要流程。真实的治疗往往不可能照本宣科，完全按照这一顺序完成。因为即使问题已经明显暴露，成为治疗过程的核心，但是患者本人可能还是毫不知情。正像前面那个自以为有各种特权的患者，我们可以从中看到，一个问题暴露出另一个问题，而后面出现的这个问题必须优先处理。关键在于，最终要确保每一个步骤都完成了，至于顺序倒是次要的。

　　心理治疗中会表现出哪些新症状，是因人而异的。如果患者能意识到自己正处于愤怒状态，并明白其起因，他可能会平静下来，不再那么恐慌。如果患者能看到自己身处两难境地，他抑郁的症状也会有所缓解。尽管分析只是为了解决某个问题，但却能让患者对人对己的整体态度获得改善。如果我们要同时处理好几个不同的问题，就会发现，它们对患者人格影响的方式如出一辙。比如患者过分强调性欲的意义、把现实和想象混为一谈、对压制的过分敏感等，无论分析其中哪一种，都能减轻他的敌意、恐惧、绝望和隔离等症状。我们不妨举几个病例，思考一下患者的自我疏离是如何减轻的。一位过度看重性欲的患者，只有在性体验与性狂想中才能感到自己还活着，他认为自己的性吸引力是唯一值得依赖的优势，他自以为的成功和失败都局限在性的范围内。要想让他对生活的其他方面产生兴趣，首先就要让他意识到当下的状况，进而找回自我，恢复正常。有一位患者把自己想象成伟大的天才，他用"想象"绑架了"现实"。他看见的"现实"，其实全都是他"想象"出来的。他无法看到自己真实的能力，也看不到自己的局限。而治疗师需要帮患者明白，潜在的能力不等于已经取得的成就，当他放下"想象"之后，就可以感受到自己真实的感情，接受真实的自己。还有一位患者对强迫极度敏感，他总觉得别人在支配和控制他，而他却弄不清楚自己究竟想要追求什么。治疗师要让他逐步明白自己真正的意愿，他才能为自己的目标而努力。

无论种类和来源，只要是被压抑的敌对情绪，都会通过分析浮出水面。患者会随之出现烦躁不安，但随着患者逐渐摆脱他的神经症倾向，这种非理性的敌意会大幅减轻。当患者看到，自己也要对目前身处的困境负责，而不能再一味地外化问题时；当患者变得不再那么脆弱、恐惧、依赖和苛刻时，他也就不会再表现出那么多的敌意。

敌意之所以减轻，主要原因是患者的绝望有了缓解。一个内心强大的人，不会总觉得自己受到了别人的威胁。有很多因素可以让患者的内心变得强大起来，比如他过去总是关心别人，而今开始关心自己，于是他变得充满活力，建立起自己的价值观，逐步挖掘出更多的潜能。之前，他用来压抑自己的那些能量，终于有了更好的用途。他曾经因为压抑、恐惧、自卑和绝望动弹不得，而现在这些负面因素对他的影响越来越小，而他能释放出的潜能却越来越多。他不再一味地服从、抗拒别人，也不再随意发泄自己的虐待冲动，他能做到理智的接纳，而这也让他的意志变得更加坚定。

随着患者防御系统的拆除，他必然会暂时感到焦虑，但由于患者不再像过去那样畏惧自己和他人，所以治疗中每一个有益的步骤，都会让他的焦虑减轻。

以上这些改变，整体来说会让患者与自己、与他人的关系都得到改善。他不再认为自己孤立无援，随着自己的强大，内心的敌意减少，他不会再认为自己必须通过对抗、操纵和回避别人来免受威胁，他能够和别人友善以待。由于外化作用的停止，他的自卑随之消失，与自己的关系也越来越融洽。

这些在治疗过程中发生的变化，同样也适用于最先造成冲突的那些倾向。神经症发展的过程中，患者经受的压力与日俱增，而心理治疗则带领他走上一条不断卸掉重负的路。过去，患者面对绝望、恐惧、敌意和孤立时，不得不利用那些倾向保护自己，而现在那些倾向已经没有了存在的意义，所以应该逐渐抛下它们。对付那些使自己厌恶且对自己充满恶意的人，如果自己有能力用平等的身份直面他们，又有谁会选择卑躬屈膝或为那种人牺牲呢？如果自己内心充满安全感，能够积极地生活与奋斗，并且不会担心自己没有存在感，又有谁会为了权力和声望不择手段？如果自己有能力去爱别人，也不害怕去面对竞争，又有谁会急不可待地疏远他人？

　　所有这些工作，都是需要时间做基础的。患者在冲突中被困的程度越深，障碍越大，也就需要更多的时间解决冲突。人们总希望心理分析简洁明了，这种想法情有可原。治疗师希望更多的人从心理分析的过程受益，我们都知道，哪怕因此有一点的帮助，也比没有强。然而，神经症的严重程度是不同的，较轻的神经症通常可以在较短的时间内治愈。尽管某些短期精神疗法的实验，看起来前景不错，然而不容乐观的是，这些实验都很片面，完全忽视了神经症背后各种力量的强大程度。我认为，对于比较严重的神经症，要想缩短治疗的时间，就必须更好理解神经症的性格结构，这样才能在解释症状时节省时间。

　　值得欣慰的是，分析疗法并不是解决内心冲突的唯一道路，生活本身就是最强大的治疗师。无论是谁，都可以通过丰富的生活经历来完善自己的人格。比如，以某位伟人为榜样，他激动人心的经历会鼓舞患者；也可能是一些糟糕的经历，让患者与他人产生了同病相怜的感受，于是敞开心扉，走出自我隔离的孤岛；还可能是患者遇到了意气相投的人，他不用再采取控制或回避。如果神经症患者能够反省自己病态行为所造成的严重后果，或者反思自己为什么反复出现那些强迫性行为，在逐步认识自我的基础上，也能大大减轻症状。

只是，生活这位"治疗师"会以何种形式主导治疗，并不受我们的控制。我们没办法只为了适应某个人的特定需要，而预先安排好一种困境，或者设计出一种友情、一种信仰。生活这位治疗师相当无情，对这一位患者有益的事情，却可能会对另一位患者造成致命打击。而且我们知道，患者分析自己的行为并从中吸取教训的能力，是很有限的。换个角度说，如果患者自己能从经历中吸取教训，能自己发现当前困局的形成与自身脱不开干系，能自己找出自己的责任所在，并能将这些心得推广于整个生活的话，我们的治疗工作也就可以愉快地结束了。

我们认识到了冲突在神经症中发挥的作用，又认识到了冲突是可以解决的，这意味着重新确立心理分析疗法的目标，成为了一件很有必要的事。我们不能用医学术语定义上述目标，尽管很多神经症性质的失调确实归在了医学范围内，但是鉴于很多由心理问题引发的身体疾病，其本质都是人格内冲突，所以，定义分析疗法的目标，必须要在人格范畴内界定。

这样一来，分析疗法的目标也就不止一种。患者要具备对自己负责的能力，即感受到自己生命中澎湃的活力和对责任的担当，他敢于决策，并且敢于承担后果。同时出现的，是患者对他人负责的能力，他能毅然承担下他所认同的义务，无论这些义务涉及的是子女、父母、朋友、员工、同事、团体还是国家。

还有一种目标，和上面的目标关系紧密，那就是获得内心的独立。对于别人的看法和价值观，患者既不无视，但也不会盲目跟从；他能建立起一套属于自己的价值观，并运用在生活中；能在人际关系中，尊重别人的个性，并且不侵害别人的权益，做到真正的人格平等，互利共存，实现真正的民主精神。

另一种目标，我们可以称之为：唤醒内在的感情源泉。即无论是爱或恨，悲或喜，恐惧或渴求，所有感情都能觉醒并焕发生机。患者拥有表达感情的能力，又能很好地控制它们。我们在这里要着重强调爱与友善的能力，因为它们太至关重要。爱不是以寄生的方式去依附别人，也不是以虐待的方式去控制别人。爱是什么？爱是一种关系。约翰·麦克马雷说："这种关系的本身，就是目的；我们因为这种关系而互相连接，对人类来说，这样的分享体验是最自然的事，因为我们天生就有与他人互动的愿望。我们向对方敞开心扉，表达心声，相互理解和包容，在合二为一的感受和生活中，分享彼此的快乐，满足彼此的心愿。"

如果用一个全面的表述来总结治疗目标的就是：实现人格的完整，对待任何人和事，都要做到一心一意，中正真诚。具体说，就是卸下所有伪装，不用虚伪的假象欺骗别人和欺骗自己；真情实意；将自己完全投入感情、事业和自己坚持的信念中。我们内心的冲突被解决多少，距离这一目标就近了多少。

我提出的这些目标都不是随意制定的，它们都切实可行。这些目标，不是为了满足各个时代贤人智者们提出的要求，我之所以提出这些目标，因为它们是心理健康的基本表现，是在研究神经症病理因素的基础上，自然而然得出来的。

我们有临床经验作为依据，并且坚信人格是可以改变的，所以才敢将目标设定得如此之高。不仅孩子具有可塑性，我们所有人都是有能力改变自己的，甚至是实现根本上的改变。我们的真实经历，让我们相信这一信念可以实现，而心理分析，就是实现改变最强有力的途径。因为我们对神经症背后的各种力量越是了解，获得改变的可能性也就越大。

这些目标的意义，在于让我们有了治疗的方向，有了奋斗的动力，有了生活的灯塔。如果没有了这些目标，我们就只能不停地更换自己的理想化形象，来代替真正的理想。然而，想要将上述所有目标都实现，无论是对于患者，还是对于治疗师，都不会一帆风顺。我们必须明白一点，治疗师不可能将患者变成一个毫无瑕疵的人，治疗师的意义，在于帮助患者获得精神自由，从而让患者有能力去实现真实的理想。换言之，我们给患者的，是一个机会，一个让他们更加成熟、更加和谐统一的机会。

《我们内心的冲突 》
[美]卡伦·霍妮 著

每个人都有内心冲突，但什么样的冲突会导致心理疾病呢？这些冲突是如何形成的，怎样才能从这些冲突中突围呢？
本书是世界著名心理学家和精神病学家卡伦·霍妮的代表作，导读则是在中国享有盛誉的资深心理咨询师、畅销书作家武志红。

《我与你》
[德]马丁·布伯 著

《我与你》是二十世纪最伟大的哲学家之一的马丁·布伯的代表性作品；武志红老师主编和精彩导读。武志红说："一直以来，对我影响最重要的一本书，是马丁·布伯的《我与你》。"

《恐惧给你的礼物》
[美]加文·德·贝克尔 著

一本心理学奇书。用惊心动魄的故事，凝视人性的深渊。教你依靠直觉，瞬间看透人心。这本书是每个人必备的生存手册，是加文·德·贝克尔亲身经历和丰富经验的真实总结。它史无前例提出的危险预测法，在关键时刻可以救你的命。武志红老师主编和精彩导读。

《自卑与超越》
[奥]阿尔弗雷德·阿德勒 著

《自卑与超越》是个体心理学的先驱——阿尔弗雷德·阿德勒的代表作品，是人类个体心理学经典著作。
武志红老师主编和精彩导读。

武志红主编

可以让你变得更好的心理学书

《乌合之众》

[法]古斯塔夫·勒庞 著

《乌合之众》是群体心理学的巅峰之作；弗洛伊德、荣格、托克维尔等心理学大师，和罗斯福、丘吉尔、戴高乐等政治家都深受该书影响。

武志红老师主编和精彩导读。

《心灵地图》

[美]托马斯·摩尔 著

这是一本影响深远的书，将告诉我们如何在阴影中行走，它补全了我们失落的一角。

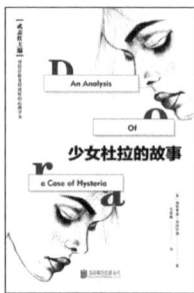

《少女杜拉的故事》

[奥]西格蒙德·弗洛伊德 著

《少女杜拉的故事》是弗洛伊德将精神分析和释梦理论运用于实践的经典案例。读这本书不仅可以领略到精神分析强大、诱人的魅力，还可以从中寻找到走出原生家庭，获得治愈的路。

《每个孩子都需要被看见》

[加]戈登·诺伊费尔德 [加]加博尔·马泰 著

本书从父母与孩子的依恋关系入手，深入剖析不健康原生家庭是如何伤害孩子的，并提出原生依恋关系的6种建立方式。知名心理学家武志红主编并作序推荐。

武志红主编

可以让你变得更好的心理学书

《晚年优雅》

[美]托马斯·摩尔 著

心智不经磨难，就不会成熟；灵魂不经淬炼，就不会呈现。而《晚年优雅》这本书，让我们看到了变老的另一种模式——接纳变老的事实，让灵魂经受淬炼。

畅销书《心灵地图》作者托马斯·摩尔的又一部力作！武志红老师主编和精彩导读。

《性学三论》

[奥]西格蒙德·弗洛伊德 著

我们对性的所有困惑，都将在本书中找到答案。

《性学三论》是人类性学领域的奠基之作，可以让人从本质上了解"性"，而这些本质的了解，不仅能帮我们正视自己的性，更能帮我们懂得别人的性，从而将性衍生为生命的动力。

《深度看见》

[美]米尔顿·艾瑞克森 史德奈·罗森 著

作为现代催眠之父，这本书以纪实的方式，记录了艾瑞克森进行催眠的完整过程，不仅包含众多真实案例，更有他对于催眠及潜意识所总结出的珍贵经验，是了解催眠和潜意识领域的必读书目。

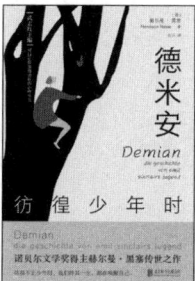

《德米安：彷徨少年时》

[德]赫尔曼·黑塞 著

诺贝尔文学奖得主赫尔曼·黑塞传世之作。

彷徨不止少年时，我们终其一生，都在唤醒自己。